多场耦合阶梯喷射微三角区
柔性复合纤维滑移机理研究

张智明 著

中国纺织出版社有限公司

内 容 提 要

本书针对传统的多组分纺丝溶液制备复合纤维的形态难以控制、纤维质量无法达到应用要求及纺丝原料选取受限等难题，提出在高速离心力场、流场、重力场及温度场等多场耦合作用下纺丝溶液从喷嘴微三角区阶梯喷射制备具有多种结构的柔性复合纤维的方法，深入研究复合射流阶梯喷射形成原理、多种纺丝溶液在微三角区的相对运动、复合射流两相变化与柔性复合纤维滑移模型，探索复合纤维制备机理。通过理论研究、模拟仿真与实验分析等方法，建立在多场耦合作用下纺丝溶液间的浓度比、黏度比、相对速度、互溶性，以及电动机转速、旋转半径、喷嘴结构、纺丝温度等工艺参数对阶梯喷射射流稳定性和复合纤维质量影响的数学模型；揭示复合射流牵伸过程中表面张力与黏滞力的变化及复合纤维的滑移运动规律；阐明多场耦合制备复合纤维的原理。

本书可供从事柔性复合离心纺丝研究的师生、科研人员和工程技术人员参考。

图书在版编目（CIP）数据

多场耦合阶梯喷射微三角区柔性复合纤维滑移机理研究 ／ 张智明著 . --北京：中国纺织出版社有限公司，2023.12

ISBN 978-7-5229-1317-9

Ⅰ.①多… Ⅱ.①张… Ⅲ.①复合纤维—滑移—研究 Ⅳ.①TQ342

中国国家版本馆 CIP 数据核字（2023）第 248611 号

责任编辑：孔会云　　　特约编辑：贺　蓉
责任校对：寇晨晨　　　责任印制：王艳丽

中国纺织出版社有限公司出版发行
地址：北京市朝阳区百子湾东里 A407 号楼　邮政编码：100124
销售电话：010—67004422　传真：010—87155801
http://www.c-textilep.com
中国纺织出版社天猫旗舰店
官方微博 http://weibo.com/2119887771
天津千鹤文化传播有限公司印刷　各地新华书店经销
2023 年 12 月第 1 版第 1 次印刷
开本：710×1000　1/16　印张：11.25
字数：193 千字　定价：88.00 元

前　言

近年来，纳米科技受到诸多科研人员的关注，并在该领域取得了丰硕的研究成果。柔性复合纤维由不同属性的材料制备而成，广泛应用于药物传输、生物芯片、组织支架、柔性传感器、防弹材料等关键领域，这些复合纤维及其装备的研发是国际竞争的重点领域，也是决定一国高端制造及国防安全的关键因素。随着国家战略需求和人民对美好生活的向往，柔性复合纤维的需求量越来越大。传统复合纤维制备方法包括：熔融复合纺丝、同轴静电纺丝、自由液面静电纺丝、湿法纺丝、干法纺丝、水热法等，其中熔融复合纺丝法较为常见。在熔融复合纺丝过程中，对多种纺丝原料分别经结晶干燥并进行加热处理，再经过螺杆熔融挤压和计量泵计量后从复合喷丝孔中喷出并形成熔融状复合射流，待射流冷却凝固形成半成品复合纤维，经过导丝辊进一步牵伸以及热定形等后续处理，即可制备出成品复合纳米纤维。相对于传统的纳米纤维生产方法，柔性复合离心纺丝法成本低，生产效率高，可选择的纺丝材料范围广泛，因此具有广阔的发展前景。然而，人们对复合纺丝的研究仍处于试验阶段，特别是对于多场耦合作用下复合纺丝溶液滑移机理的研究还不够深入。本书在参考国内外相关研究的基础上，系统地提出了在多场耦合作用下利用阶梯喷射制备复合纤维的新思路，主要研究其复合纺丝溶液锥体和阶梯喷射的形成原理，复合射流的两相变化以及复合纤维滑移模型，为优质柔性复合纤维的制备提供理论基础。

本书共分 7 章：第 1 章概括地介绍了纳米纤维的发展历史及其在各领域的应用，总结了传统纳米纤维制备方法的优缺点，分析了复合纺丝的国内外研究现状及发展动态。第 2 章主要介绍了多种纺丝溶液在微三角区的运动规律，并探索了复合纺丝溶液在射流前后的滑移类别及滑移机理。第 3 章阐述了复合纺丝溶液在高速离心力场、流场、重力场及温度场等多场耦合作用下拉伸变细、伸长，最终形成复合纤维的过程，并分析了在此过程中，复合溶液浓度比、互溶性等因素都会对复合射流稳定性、射流两相变换以及柔性复合纤维滑移运动产生影响。第 4 章主要介绍了如何设计最优阶梯喷射机构方案，为阶梯喷射高速复合纺丝机构优化与优质复合纤维的批量制备提供理论基础。第 5 章主要介绍了采用 Ansys 中的 Fluent 流

1

体仿真软件对离心复合纺丝喷嘴微三角区纺丝溶液的速度分布、压力分布、湍流分布进行模拟仿真。第6章介绍了利用复合纺丝设备、高速摄像机、角接触仪和扫描电镜分别进行了相关实验，用扫描电镜观察纳米纤维形貌，统计了纤维直径，探究了转速与溶液浓度对直管、弯管所制备纤维的影响，将实验数据与理论分析相互对比进行验证。第7章总结了研究的内容，并对后续的研究进行了展望。

本书由张智明主笔，在编写过程中得到了郭庆华、叶沛彦、王佳伟、刘康、李文慧等的帮助，在此表示衷心的感谢。

编写本书的目的是为从事柔性复合纳米纤维制备的研究者提供多场耦合作用下微三角区阶梯喷射制备柔性复合纤维的可行性方案；克服传统制备工艺需加热溶液的弊端；解决复合纤维形态难以控制及柔性复合纤维装备机构优化的问题。

本书涉及的研究工作得到国家自然科学基金（项目批准号：52275265、51775389）和武汉市应用基础前沿项目（2022013988065208）资助，在此表示衷心的感谢！

由于柔性复合离心纺丝的研究发展方兴未艾，加之作者水平有限，书中不妥之处敬请广大读者批评、指正。

张智明

2023 年 8 月 10 日

目　　录

第1章 绪论

进入 21 世纪，随着我国生物、电子、医疗等高科技行业的不断发展，纳米纤维因其超高的比表面积和高孔隙率，在能源生产与储存、水与环境处理、医疗保健、生物工程、纳米电子器件、超导体、吸波材料、生物制品和复合强化材料等方面得到了广泛的关注与应用。传统的复合纳米纤维制备方法主要包括：静电纺丝、湿法纺丝、熔融纺丝等，通过这些方法制备的复合纳米纤维结构通常有并排式、皮芯式、海岛式。传统的复合纳米纤维制备方法中，静电纺丝法因技术简单有效而得到广泛的应用，可以制备长尺寸、直径分布均匀、成分多样化、实心或空心的纳米纤维。许多研究者采用静电纺丝法制备复合纳米纤维并对其性能进行测试，在使用静电纺丝制备复合纳米纤维的过程中，聚合物溶液的导电性是必须重点关注的问题，且外加高压电场不符合绿色生产制造理念，因此静电纺丝制备效率低、溶剂污染、纺丝液极性要求、外加高压电场等弊端逐渐显现，故难以实现规模化生产。

相对于静电纺丝，高速离心复合纺丝作为新的复合纳米纤维制备方法，其生产效率约提高了 1000 倍，且低成本，可以用于制备高聚物、金属、陶瓷、复合材料纤维等。随着离心纺丝技术的发展，主要的离心纺丝设备主要有常规离心纺丝设备，以及将静电纺丝与离心纺丝结合的离心静电纺丝设备，这些设备都可以通过改变罐体及喷嘴的设计达到生产复合纳米纤维的目的。使用离心纺丝法制备复合纳米纤维，可以有效避免两种纺丝溶液内部因外加电场产生的库仑力对两种纺丝溶液内部结构的影响，制备出理想结构的复合纳米纤维。离心复合纺丝无须外加高压电场，从而降低了纺丝溶液极性与导电性的要求，避免纤维制备过程中的源头污染，符合绿色制造的要求。湿法纺丝和熔融纺丝也都存在能耗大、生产制造成本高、产品加工工艺复杂、纺丝速度慢等缺点。因此，离心纺丝法作为制备连续复合纳米纤维的新型技术，借助纺丝罐体高速旋转产生的离心力将聚合物纺丝溶液从喷嘴中喷射形成纤维。高速离心复合纺丝法作为一种可规模化制备复合纳米纤维的方法，因具有纺丝机构原理简单、纺丝原料多样、安全绿色环保、制备效率高、能耗低等优点而得到了广泛的研究。

1.1 高速离心复合纺丝的研究背景

高速离心纺丝技术是罐体内聚合物熔体或溶液借助高速旋转装置产生的离心力和剪切力，从喷嘴甩出形成纳米纤维。在高速离心纺丝的基础上通过改变储液罐的结构设计使两种聚合物溶液在罐体内构成并列结构或核壳结构，通过喷嘴甩出形成并列式或核壳式复合纳米纤维。制备的复合纳米纤维因其通透性好、表面积比高、孔体积大等优点受到广泛关注，随着环境、能源、电子、光学、医疗等领域的快速发展，对结构精细的复合纤维材料的需求不断增加。随着复合纳米纤维应用日渐趋于广泛，在各领域对纳米纤维结构的需求也越来越高，复合纳米纤维制备技术成为广大纺织工作者的重要研究课题，高速离心复合纺丝正发展成一种制备复合纳米纤维的新技术可以有效弥补其他纺丝方法的不足，并具有以下优点：

（1）纺丝机构原理简单。离心纺丝技术是由高速旋转电动机产生的离心力将储液罐内聚合物溶液或熔体甩至喷头处产生射流，射流随着溶剂挥发或熔体冷却固化形成超细纤维，区别于静电纺丝依靠高压电场提供电荷产生的库仑力驱动，通过调节电动机转速与喷嘴直径即可实现不同直径纳米纤维的制备。

（2）原料选取多样、无污染。离心纺丝技术无须高压电场，因此对聚合物溶液极性无要求，无须添加盐溶液。制备产品绿色环保没有其他副产品，且熔融聚合物和溶液聚合物均可用于纳米纤维的制备。

（3）制备效率高、能耗低。主要提供电动机驱动纺丝设备即可，因此能耗低，连续性好。在实验室条件下高速离心纺丝制备纳米纤维的速率为 1g/min，因此具有批量制备纳米纤维的潜力。

1.2 高速离心复合纺丝的研究目的与意义

针对目前高速离心纺丝的研究主要集中在所生产纳米纤维的性能以及应用、参数对纤维形貌质量的影响、离心纺丝仿真以及实验等方面，对于高速离心纺丝设备优化方面的研究较少，尤其是对于纺丝核心单元——纺丝喷嘴优化方面的研究更少，需要更深入的探索。作为高速离心纺丝转置的核心单元，高速离心纺丝喷嘴与所制备的纤维存在着必然联系，喷嘴的结构参数不仅影响纺丝溶液在管道内的速度大小而且还对纺丝溶液速度偏移有着一定的影响。为了制备优质的纳米纤维，需要探究喷嘴结构参数对纤维的具体影响，并对喷嘴形状进行设计和结构参数进行优化，有利于提高纺丝溶液在喷嘴出口的速度大小以及改善纺丝溶液在喷嘴出口处的速度分布，从而提升纺丝溶液射流的稳定性以及对纤维质量的改善起到积极作用。

1.3　高速离心复合纺丝的研究进展

高速离心复合纺丝是基于离心纺丝进行的改进，因此该方法与离心纺丝法具有相同的优势，例如：设备结构简单、操作方便、能够批量生产复合纳米纤维，纺丝原料的选择范围更加广泛，使许多新型高分子材料成为复合纳米纤维的制备原料，并且通过改变罐体的结构使离心复合纺丝可以制备并列式、核壳式、偏心式等其他结构的复合纳米纤维，极大地丰富了复合纳米纤维制备的多样性，在工业生产应用中具有巨大潜力。

1.3.1　高速离心纺丝技术的发展与研究现状

离心纺丝设备最早是由美国人奥佩尔（Hooper）（1924 年）在他的专利（US1500931）中提出，通过旋转产生的离心力将纤维胶纺成人造丝线。在 20 世纪 60 年代美国一家纺丝企业通过离心纺丝技术生产玻璃纤维，由于当时使用的装置较为简单，纤维形成机理是将原料加工为熔融状态后，加入喷丝头内利用离心力将熔融的玻璃熔体从多个喷丝孔中甩出，但由于玻璃熔体自身的性质导致纤维直径较粗，为了使制备的纤维直径更细且均匀需要加入高速风机产生高速气流对熔融状态的玻璃进一步牵伸，形成直径为数十微米的玻璃纤维，经过喷雾器在其表面喷涂黏合剂烘干后，在传送带上形成具有一定强度的非织造布，从此离心纺丝开始应用于工业玻璃纤维的生产。

随后，合金纤维通过奥佩尔提出的专利技术也被制取出来。弘木（Hiroaki）使用离心力代替了原来由压力泵所产生的压力，采用聚合物材料制备纳米纤维，使得聚合物熔体在离心力的作用下形成纳米纤维。伦克（Lenk）在专利（P5075063）中提出一种以熔融聚合物或聚合物溶液为原料制备纤维的离心纺丝装置，斯蒂尔（Steel）在专利（P5460498）中提出了一种采用高速气流对射流进行辅助拉伸从而制取直径更细的纤维方法。2008 年魏茨（Weitz）利用无喷嘴离心纺丝成功制备了直径为 25nm 的聚甲基丙烯酸甲酯纤维（PMMA）。

随着超细纤维领域的研究发展，高速离心纺丝开始进入了研究者的视野。凯伦·洛扎诺（Karen Lozano）在专利（P2015061180）中提出高速离心纺丝装置，研究了外部因素如转速、喷嘴形状、收集装置、温度、收集距离，以及材料自身如浓度、黏度、溶剂配比对纤维成型的影响。美国 FibeRio 公司研发的高速离心纺丝设备在工业化生产中得到应用，制备的纤维平均直径小于 500nm，使高速离心纺丝法制备纳米纤维开始在纺丝行业内大规模制造。

高速离心纺丝制备的纳米纤维展现出离心纺丝法的独特优势，研究人员发现纳米纤维具有超大比表面积、超细孔隙度和良好的力学性能广泛应用于组织工程支架、药物传输、过滤介质、人造血管、生物芯片、纳米传感器、光学、复合材料等领域。张华鹏等采用离心纺丝法制备聚四氟乙烯（PTFE）/聚乙烯醇（PVA）复合微纳米纤维膜，对纤维膜形貌的结构进行了表征，并测试了微纳米纤维膜的水接触角、孔径、力学性能，结果表明使用离心纺丝制备的纤维膜形貌最好，粗细均匀且直径分布范围较窄。但这种复合纤维膜的制备方式仅属于溶液共混离心纺丝，后续的纤维结构还需进行后加工处理。

罗伯托（Roberto）等使用离心纺丝法制备复合纳米纤维作为锂离子和钠离子电池的负极材料，通过离心力与多喷丝头结构的结合，将导电溶液与不导电溶液纺成纤维，极大增加了材料的选择。纳米纤维和复合纳米纤维因其高表面积比和多功能性的形态结构已广泛应用于锂离子电池和钠离子电池中的电极和分离材料。Elena 以木质素和热塑性聚氨酯聚合物共混为原料，采用离心纺丝法制备木质素/TPU 纳米纤维，在不同的聚合物总浓度下，采用不同的共混比，通过对转速、喷嘴直径、喷丝头、收集距离的优化，选择了最佳工艺参数，用扫描电镜（SEM）表征了纤维的形貌，其关系见表 1.1 和如图 1.1 所示。

表 1.1　不同工艺参数下的木质素/TPU 纳米纤维形态结构

聚合物溶液特征	转速（r/min）	喷嘴直径（mm）	初始射流速度（mm/s）	平均直径（nm）
浓度为 20%（质量分数）参合比为 1∶1 黏度为 1322mPa·s 密度为 0.89g/cm³	6000	0.5	44	531
	8500	0.5	168	476
	8500	1	433	568
	10000	0.5	431	521

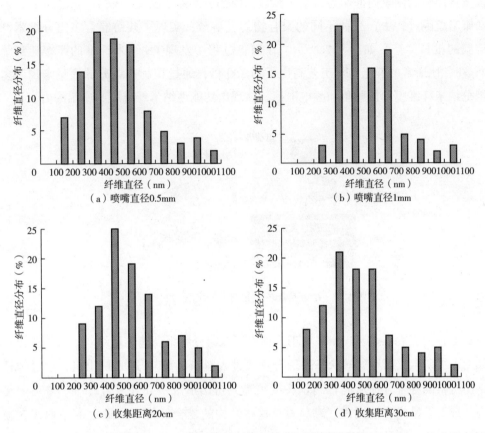

图 1.1　木质素/TPU 纳米纤维的纤维直径分布

通过高速离心纺丝法使用相同浓度的聚合物溶液，直径相同的喷嘴制备木质素/TPU 纳米纤维，试验结果表明随着转速增加纳米纤维平均直径减小，但随着转速增加到 10000r/min 时纤维平均直径并没有继续减小而是增大。相同转速条件下随着喷嘴直径增大，纳米纤维平均直径也增大，表明制备木质素/TPU 纳米纤维存在一个最佳的转速与喷嘴直径。随着喷嘴直径的变化，平均纤维直径的变化幅度大于转速的变化幅度；在较高的转速与初始射流速度下，制备的 65%~75% 纳米纤维直径集中在 200~600nm，如图 1.1（a）和（b）所示；随着收集距离的增大，纳米纤维的平均直径也逐渐减小。结果表明，转速为 8500r/min、喷嘴直径为 0.5mm、收集距离为 20cm 是离心纺丝法制备木质素/TPU 纳米纤维的最佳工艺参数。

上述研究仅局限于单组分离心纺丝或是溶液共混后的离心纺丝。拜永（Byeong）

提出将旋转的圆盘内部切为三个子圆盘，内部加入聚苯乙烯（PS）、PMMA 和聚乙烯吡咯烷酮（PVP）三种不同的聚合物纺丝溶液，实现了共纺混合多组分纳米纤维膜的批量生产，如图 1.2 所示。在制备过程中发现 PS 纳米纤维的产率达到了 25g/h，比通常的静电纺丝工艺高出了约 300 倍，通过控制各组分的含量来控制多组分纳米纤维膜的接触角和静电电荷，体现出功能性纳米纤维膜的应用潜力。

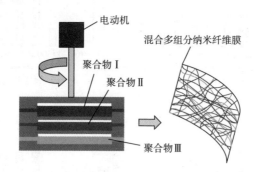

图 1.2　共纺混合多组分纳米纤维膜的制备原理

　　木谷武（Takeshi Kikutani）正式提出了双组分纤维高速熔融纺丝，其纺丝原理如图 1.3 所示。两种熔融状态的聚合物通过入料口 A 和 B 进入挤出机，通过螺杆挤出机将两种聚合物从同轴纺丝头或喷嘴共挤出形成核壳式复合纤维，常见的复合纤维有并排式、核壳式、海岛式，这些结构的复合纤维可以通过简单地改变喷嘴结构得到，这种在截面形状上的多功能性可以潜在的优化纤维参数，如机械强度、表面积和热稳定性，在电池应用里中空纤维具有显著优势，因为它们可以增加表面积。

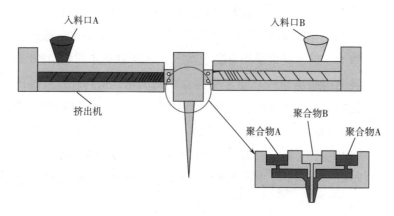

图 1.3　双组分纤维熔融纺丝的原理示意图

张大省等使用双组份复合纺丝机通过聚对苯二酸丙二醇酯（PTT）、聚对苯二酸乙二醇酯（PET）、聚酰胺 6（PA6）相互组合纺制了并列形复合纤维，研究了成型工艺对纤维结构与性能的影响。结果表明，影响并列型复合纤维截面形态的主要因素是两种纺丝液的配比、黏度的差异和喷嘴组件的结构。当复合纤维的体积组成比为 50/50 时，可获得卷曲半径最小、卷曲数最大的纤维，纤维的弹性延伸率和卷曲恢复率也最好。当体积组成比大于或小于 50/50 时，纤维卷曲半径增大，单位长度纤维卷曲数减小。

在相同的纺丝工艺条件下，两种聚合物熔体在黏度近似的条件下会出现图 1.4（c）所示的 50/50 的横截面结构，当两种聚合物熔体黏度差异很大时会出现图 1.4（a）～（e）这种"稀包稠"现象。50/50 并列型结构不一定是并列型复合纤维的最佳性能，周静宜提出了双组分并列复合纤维的"哑铃"截面结构，使卷曲后的并列纤维通过热处理后具有更大的张力和更好的弹性。聚合物熔体的黏度受到相对分子量、温度、剪切速率的影响。

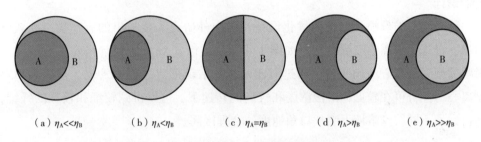

（a）$\eta_A \ll \eta_B$　　（b）$\eta_A < \eta_B$　　（c）$\eta_A = \eta_B$　　（d）$\eta_A > \eta_B$　　（e）$\eta_A \gg \eta_B$

图 1.4　不同黏度下并列型纤维横截面结构

图 1.5 为周静宜等测出 PET 和 PTT 在不同温度下的流变曲线，剪切速率对熔体黏度影响较为明显，两种熔体的表观黏度随温度的升高而降低，这样可以通过控制温度与剪切速率控制聚合物熔体黏度来达到控制复合纤维截面结构的目的。虽然通过熔融法制备了复合纤维，但这种方式存在聚合物熔体在离开喷嘴时会发生挤出胀大现象，这种现象限制了复合纤维的直径，因此离心复合纺丝开始进入科研工作者的视野。

1.3.2　离心纺丝设备优化的研究进展

近年来，离心纺丝设备方面的专利与论文不断涌现，国内外学者对离心纺丝设备的设计从原先的小型、传统、简易的离心纺丝实验样机，逐渐开始转向集成化、创新化和系统化的商业型的离心纺丝设备。根据离心纺丝设计优化结构的种

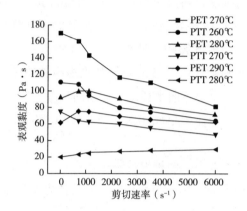

图 1.5　PET 和 PTT 在不同温度下的流变曲线

类不同，可以大概将近年来离心纺丝设备方面的研究大致分为三类：离心纺丝喷丝结构包括喷嘴和罐体结构的设计、离心纺丝收集装置的设计和离心纺丝整体装备的设计。

　　针对离心纺丝喷丝结构的优化设计，国内外研究人员提出的有喷嘴、孔式无喷嘴、盘式无喷嘴等喷嘴结构。如图 1.6 所示，徐（Xu）等设计搭建了有喷嘴和无喷嘴型两种离心纺丝装备，通过对比两者的射流形成过程中发现，盘式无喷嘴型离心纺丝机可在较低的溶液浓度和较高的转速下，可以得到较细和较长的纤维，并得到了不同纺丝溶液下喷丝口角速度的合理区间。

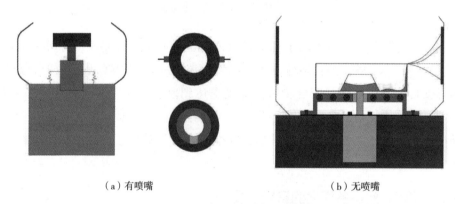

（a）有喷嘴　　　　　　　　　　　　　　　（b）无喷嘴

图 1.6　有喷嘴和无喷嘴型两种离心纺丝装备

　　陈（Chen）等提出带流量控制器的无喷嘴喷丝板结构离心纺丝机，实现了的熔体纺丝聚合物溶液和熔体的纳米级纤维制备。其结构示意图如图 1.7（a）所示。

它由四个主要部件组成：无喷嘴旋转喷丝板、环形加热器、直流电动机和圆形接收器。流量控制器的设计减少了盘式无喷嘴纺丝过程中空气对聚合物液体性能的影响。

　　桑塔拉瓦塔纳（Suntharavathanan）等研究了加压孔式无喷嘴离心纺丝设备，如图 1.7（b）所示，该设备通过电动机带动加压打孔圆柱体铝合金容器每小时可实现纳米纤维大规模生产，并在后续的实验中探究出直径与聚合物浓度、转速和加工系统工作压力的相关性。

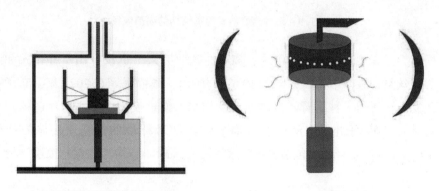

（a）带流量控制器的无喷嘴喷丝板　　　　（b）加压孔式无喷嘴离心纺丝设备

图 1.7　无喷嘴喷丝板结构离心纺丝机示意图

　　图多雷尔蓝色德鲁（Tudorel Blu Mîndru）等制作了吹气式离心系统，同时，研究者还设计了多种几何形状的喷丝结构，原理图如图 1.8 所示。它是由一个聚合物流体供应管、吹气腔体、蒸汽排放孔和旋转喷丝器和聚合物纤维收集装置实现的。

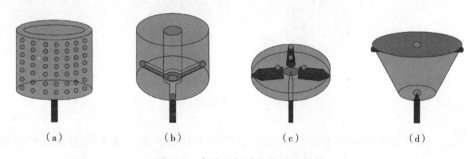

（a）　　　　　（b）　　　　　（c）　　　　　（d）

图 1.8　多种几何形状的喷丝结构

　　赖（Lai）等制作了仿真阶梯型、锥直型、锥型、弯管型四种离心纺丝喷嘴结构的内部流场如图 1.9 所示，通过正交实验对比得出喷嘴入口直径为 10mm，直管长度为 3mm，喷嘴出口直径为 0.8mm，弯曲角度为 30°的弯管型喷嘴能够获得最大溶液出口速度。

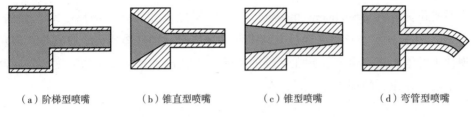

（a）阶梯型喷嘴　　　（b）锥直型喷嘴　　　（c）锥型喷嘴　　　（d）弯管型喷嘴

图 1.9　四种离心纺丝喷嘴结构的内部流场

同时为了满足复合纺丝的需求，离心纺丝研究人员也设计出了并排式和同心式离心纺丝复合罐体结构，如图 1.10（a）所示，张智明等在 2021 年公布了一种核壳式复合罐体和一种靠背式纤维制取罐结构，通过喷嘴型离心纺丝罐体内部结构的设计可实现两组分溶液的复合离心纺丝纳米纤维的制造。罐体的结构如图 1.10（b）和（c）所示包括内部挡板和同心式罐体结构，还包括喷嘴、针管以及针管固定件。

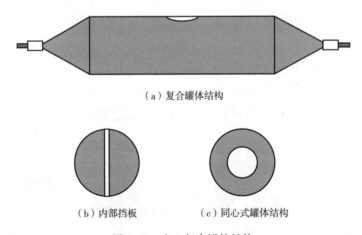

（a）复合罐体结构

（b）内部挡板　　　　　　（c）同心式罐体结构

图 1.10　离心复合罐体结构

离心纺丝收集装置分为间歇式收集和连续式收集方式，大半部分传统的纤维收集方式为间歇式收集方式，其收集结构由围绕在旋喷机构周围的收集柱或收集网组成。为了提高其收集的灵活性，2019 年何超等设计可调式离心纺丝收集装置，如图 1.11 所示，通过在收集盘上的滑道结构，可以在不同收集距离对纳米纤维进行捕捉和收集。张智明等在 2022 年通过对收集柱结构的设计，其周围的收集杯状收集柱大幅提高了纳米纤维的收集质量。

离心纺丝技术是一种具有高效、高质量、大规模纳米纤维生产的方法，然而，纤维间歇式收集方式极大地限制了采用离心纺丝设备实现商业化的纳米纤维产品生产。因此，近年来有很多的学者设计了不同的离心纺丝连续收集装置。如图1.11（a）所示，2017年郑良才等采用了网孔圆筒传送方式实现离心纺丝纤维的连续性有序收集，设计了后续纤维加捻装置来将纤维加工成纱线。如图1.11（b）所示，2022年刘欣等提出旋转收集棒式离心纺丝收集方法，该装置包括喷丝器和围绕喷丝器周围设置的收集棒；在离心纺喷丝器离心纺丝过程中，收集棒围绕喷丝器旋转，以收集纺出的纤维，并使纤维呈高度蓬松状聚集，形成三维立体多孔网络结构。2022年朱才镇等描述了传送带式离心纺丝设备，结构包括筒状收集罩、传送带机构、纺丝机构和热风机，结构紧凑、简单，通过控制传送机构的传送速度，可以方便调控所制备的纤维膜的厚度。

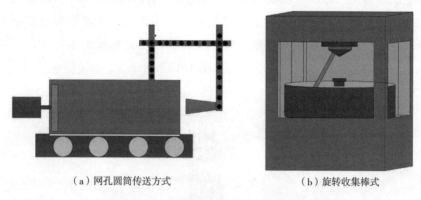

（a）网孔圆筒传送方式　　　　　　　　　（b）旋转收集棒式

图 1.11　可调式离心纺丝收集装置

随着对离心纺丝设备的深入研究，为了真正实现离心纺丝纳米纤维的工业化、集成式生产，2013年的离心纺丝机器已经由美国 Clarcor 公司在专利（US9731466B2）中描述了使用离心力制造纤维的设备和方法。其中材料传输机构的使用允许连续生产纤维，而不需要停止过程来填充纤维生产装置。其发明装置的特点在于具有完整集成的离心纺丝装备体系，包括基本的离心纺丝机构、传送带、连续输液管、抽风装置以及外部触摸板控制系统。

2015年，美国 FibeRio 公司在专利（US2016/0138194 A1）中提出实现离心纺丝工业化生产的技术，生产出的纤维直径平均值小于 500nm，为了提高纤维的收集性能，该装置设计了气流沉积系统和气流控制系统，通过配置调节气流速率使纤维被拉向衬底。

2019 年，中国亿茂环境科技股份有限公司在专利（US202/0195629 A1）中阐述了一种平面接收式离心纺丝自动化生产装置，包括机架、纺丝装置、向纺丝装置提供纺丝溶液的进料装置、收集装置。其发明装置解决了离心纺丝连续长丝的制备问题，实现了离心纺丝的自动化生产。

1.3.3 纺丝喷嘴结构的研究进展

对于众多纺丝设备而言，纺丝喷嘴的结构设计是整个装置设计中最重要的一环，喷嘴结构影响着纺丝溶液速度的大小与偏移，从而影响纤维成型的质量。本节介绍了高速离心纺丝法制备纳米纤维的国内外研究现状，以及各种纳米纤维制备方法中喷嘴结构的研究进展。通过对比不同喷嘴结构对纺制的纳米纤维质量、结构、形貌上的影响，对高速离心纺丝喷嘴结构优化给予一定的基础理论启发。

静电纺丝是使用施加在喷嘴与收集装置之间的高压静电场产生的静电力制备聚合物纤维的方法。静电纺丝设备主要是由一个用于存储纺丝原料的注射器、喷射纤维的喷嘴、施加在喷嘴与收集装置之间提供高压静电场的电源，以及用于收集纤维的收集装置组成，其结构示意图如图 1.12 所示。

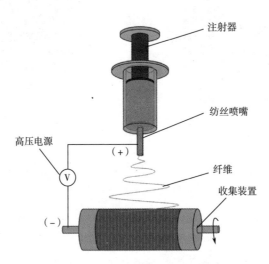

图 1.12　静电纺丝装置结构示意图

在喷嘴与收集装置之间接上一个高压电源，形成从喷嘴至收集装置方向的正向高压静电场。注射器推头运动将溶液推向喷嘴，溶液在出口处逐渐堆积，随着溶液电荷的增大，电场力逐渐增加使其能够克服溶液表面张力与黏滞力，从而喷射形成射流。射流在空中运动拉伸，同时，射流中的溶剂挥发，形成固态状的细丝纤维并被收集装置收集成束。

　　为了提升静电纺丝法的生产效率，多喷嘴、无喷嘴以及新的静电纺丝喷嘴结构相继得到了学者普遍研究。由于静电纺丝单喷嘴生产效率低，因此研究者通过在同一设备上增加喷嘴的数量来提高其生产效率。不少研究人员也将眼光放在了不使用任何喷嘴就能实现纳米纤维制备的方式上，通过将纺丝溶液或熔融体喷射到一个积液盘上，在积液盘旋转产生的离心力和静电力的共同作用下形成纤维。更多的研究中则是将重点放在如何在一个喷嘴上能够同时喷射出多股射流的研究上。为了提高熔体静电纺丝效率，使纺丝射流呈现密集多束，杨卫民明确提出将聚合物微积分成型原理运用到熔体静电纺丝中，并以此申请了相关发明专利。其喷嘴结构示意图如图 1.13 所示。

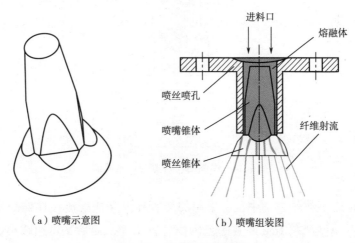

（a）喷嘴示意图　　　　　（b）喷嘴组装图

图 1.13　喷嘴结构示意图

　　如图 1.13（a）所示，喷嘴锥体由一个锥度小、长度大的锥体和一个锥度大、长度短的锥体组成，其中大锥度锥体锥面的斜度为 58°，大端圆周直径为 10mm。小锥度锥体四周被等分切出 4 个平面，大锥度锥体的小端切有 45° 的倒角。如图 1.13（b）所示，喷丝喷孔的内径为 5mm，喷丝喷孔下端与小锥度锥体紧密配合，且与大锥度锥体小端存在一定间隙，最大间隙为 0.1mm。

　　喷丝喷孔下端内径圆与喷嘴锥体的大端圆外表面紧密配合，整体装置通过安装孔安装在熔体纺丝装置上。采用 PP 颗粒作为纺丝原料，熔融状态的 PP 材料由熔体纺丝装置注入进料口，随后熔融态经由四个倒角处流向喷丝锥面表面。当喷丝锥面大端圆周均匀分布有熔化的 PP 熔体时，在静电场的作用下，多股喷射流沿着喷丝锥面大端圆周均匀喷出，通过此喷头制备的 PP 纤维，纤维直径为 700~4000nm，纺丝效率为 4.2g/h，是传统单点式喷嘴制备效率的 50~400 倍。

熔喷纺丝是将聚合物纺丝材料加热至熔融状态，然后通过纺丝喷嘴喷射形成纤维的方法，图 1.14 为熔喷纺丝装置结构示意图。聚合物原料在熔融注射机熔融后，并通过内部的螺旋杆挤压送入喷嘴。随后熔融体从喷嘴出口挤出，在高速恒定热空气气流的辅助作用下进一步拉伸，此时射流直径迅速降低，最终获得直径较细的纤维。

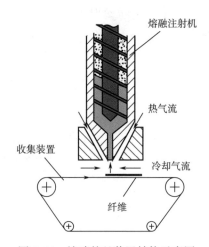

图 1.14　熔喷纺丝装置结构示意图

在已有的熔喷纺丝方法中，所采用的两股高温高速气流在拉伸纤维过程中汇聚的时候，其速度会在 1cm 左右的范围内急剧增加，而后又迅速减小。从而使牵引拉伸纤维的气流流速不稳定，对纤维拉伸的有效距离短，这就会导致熔体的冷却不完全，使得纤维之间出现粘连纠缠的现象。为了解决熔喷超细纤维成型过程中发生的并丝问题，祝博文等提出一种辅助吹喷功能的熔喷纺丝喷头结构，并申请相关专利，其结构如图 1.15 所示。

熔融状态的射流从喷嘴挤出后，首先会受到来自高温气流发生装置中高温高压气流的第一次拉伸冷却，在尚未完全冷却的纤维向下运动时又会受到来自辅助气流发生装置中气流的二次拉伸冷却，从而可以制备出更加细直的纤维，而且减少了纤维粘连纠缠的现象。

余凯等提出了一种异形熔喷纺丝喷头结构，以解决已有的熔喷纺丝圆形喷头孔所制备的纤维存在的问题，其喷嘴出口形状如图 1.16 所示。特殊几何形状的异形纳米纤维可以通过改变熔喷纺丝喷嘴孔径形状（三角形、菱形）的方式来制取。

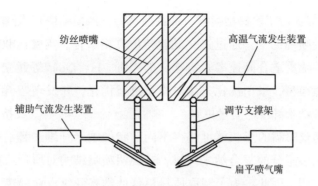

图 1.15　辅助吹喷功能的熔喷纺丝喷头结构

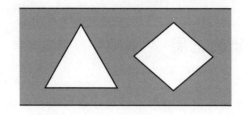

图 1.16　熔喷纺丝三角形、菱形喷嘴出口形状

　　与传统制备纳米纤维的方法（静电纺丝法、熔喷纺丝法）相比，高速离心纺丝法生产效率更高。为了追求能够实现大批量生产的能力以及制取更加优质的纤维，研究人员探究了高速离心纺丝所纺制纤维质量与喷嘴结构参数、工艺参数之间的关系，并在此基础上对离心纺丝喷嘴优化进行了探究。

　　张智明等提出了多种用于离心纺丝的喷嘴结构，并以此申请相关专利。为了制备出多组分的复合纳米纤维，并列式、核壳式离心纺丝喷嘴结构被设计出来，其结构示意图如图 1.17 所示。

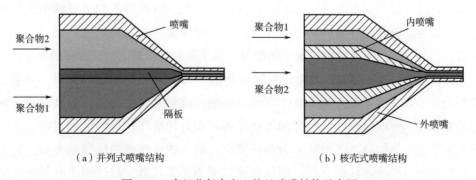

（a）并列式喷嘴结构　　　　　　　　（b）核壳式喷嘴结构

图 1.17　多组分复合离心纺丝喷嘴结构示意图

赖（Lai）等提出了阶梯型喷嘴、锥直型喷嘴、锥型喷嘴以及弯管型喷嘴四种不同的离心纺丝喷嘴结构，通过正交试验与仿真相结合、实验检验等方式，最终发现弯管结构喷嘴更适合高速离心纺丝。李、刘（Li、Liu）等建立了流场中离心纺丝溶液的速度模型，采用优化方法对模型进行优化，并发现弯管型喷嘴比直管型喷嘴所制备的纳米纤维的质量更好。

通过改变纺丝喷嘴的形状就可获得不同形状的纳米纤维，且对喷嘴进行合理设计还可以制取多组分的复合纳米纤维，这说明喷嘴结构对所形成的纳米纤维起着至关重要的作用。因此，为了制取质量更佳的纳米纤维，对喷嘴结构进行优化设计也是可行的。

1.4　滑移运动研究进展

高速离心复合纺丝制备复合纳米纤维可以通过改变罐体与喷嘴的结构实现，为了改善纺丝过程中纤维挤出胀大现象，国内外研究者开始关注纤维的滑移现象。

1.4.1　滑移运动的研究进展

滑移对应于聚合物材料对施加剪切力的非均匀响应，滑移使应变或应变速率具有空间变化，使聚合物溶液流变性中的黏度估计复杂化。因此需要专门的分析和实验程序来可靠地估计黏度和其他流变参数。

大多数纺丝溶液都具有黏弹性，对快速流动和变形具有复杂的流变响应。快速流动期间旋转流体的边界条件是一个至关重要的问题，最简单的边界条件之一是无滑移边界条件。然而，随着流量装置特征长度尺寸的减小，这一边界条件一直存在争议。滑移是由穆尼（Mooney）首先提出的，他使用不同半径的毛细管黏度计和旋转圆筒黏度计直接测定的实验数据，推导出滑移和流动性的公式。结果表明，当应力超过临界值时，流动曲线与毛细半径有关，表明壁面滑移的发生。

帕特拉然（Patlazhan）对壁面滑移现象的不同类型和机理进行界定，涵盖了均相低分子量液体、聚合物溶液、多组分分散介质和聚合物熔体，重点讨论了两个基本概念，分别为流体与壁面固体相互作用和剪切速率诱导的流固过渡，这是壁面滑移的主要机制。将滑移分为两种情况，第一种是典型的黏塑性介质，它可以以两种不同的物理状态存在，即屈服点以下为固体状态，超过阈值时是液体状态，此时滑移发生在低应力下；第二种情况与高变形率下纺丝溶液从流体到固态的转变，或由应变诱导的溶液分散体玻璃化转变引起的大变形有关，这种情况适用于高速离心复合纺丝，因为离心复合纺丝实现了由液体到固体的转变，这种壁面滑移效应由于壁面上形成低黏性的流体薄层而产生。

哈齐基里亚科斯（Hatzikiriakos）在熔融聚合物壁面滑移研究中的大量实验证据表明，流体力学经典的无滑移边界条件对于高分子量熔融聚合物的流动不再适用。事实上，当壁面剪切应力超过某一临界值时，熔融聚合物在固体表面发生宏观滑移，此外对于线性聚合物存在第二个临界壁面剪切应力值，在该值处发生从弱滑移到强滑移的转变，这两种滑移都是由于聚合物高速流动诱导聚合物在壁面黏附层上的链分离或解吸，以及中心层聚合物的分子链与吸附在壁面上单层聚合物的链分离。

内托（Neto）在牛顿流体的边界滑移实验研究中描述了牛顿液体在固体界面上滑移现象的实验研究进展，研究了表面粗糙度、湿润性和气体层的存在等因素对测量界面滑移的影响。多数关于滑移边界条件的实验都是使用毛细管进行的，如图 1.18 所示，在长度为 l 的毛细管中，液体在压力差的推动下通过半径为 r 的毛细管，测量液体流速并与预测值进行比较。通过毛细管液体输送的精确测量可以用来确定边界状态，这种方法虽然简单，但在测量流经微通道的流量时，内径的测量会产生很大的误差，而且毛细管内并不光滑。另一个方法是采用表面力仪（SFA）来测量两个表面之间的水动力或一个表面对另一个表面震荡的位移影响。这种技术在力和位移方面具有很高的分辨率，可以检查牛顿相互作用区域是否存在牛顿液体中的边界滑移，震荡测量也很容易得出滑移长度。但这种方法对可使用的材料范围很有限。

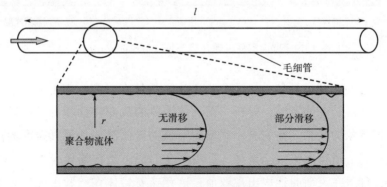

图 1.18　毛细管滑移实验

相比于理想状态的无滑移，考虑边界滑移使流体运动的分析更为复杂。近年来，非牛顿流体在液—气、固—液和各种液体界面上的滑移问题引起了广泛的讨论。研究人员最先提出液—壁滑移的机理是聚合物内部分子链与吸附在喷嘴壁面上的单层聚合物链之间的突然解缠。在离心复合纺丝过程中聚合物溶液的液—壁滑移可以改善复合纳米纤维的挤压膨胀性，使复合纳米纤维的平均直径变细。液—液滑移改变了复合纳米纤维的内部结构，使复合纳米纤维具有不同的性能。因此，微三角区滑移对改善复合纤维的表面质量和形貌有一定的作用。

1.4.2　聚合物溶液滑移机理

滑移假说在以往的许多文献中都有提及，但通过简单的实验观察发现，滑移假说与无滑移假说是一致的，因此经典流体力学中对滑移现象的关注较少。对于高速旋转运动的情况，壁面黏附层的聚合物溶液的黏度随剪切速率的变化而变化，因此两种聚合物溶液将与喷嘴壁、溶液接触面和空气界面一起滑动。离心复合纺丝过程中聚合物溶液在微三角中的滑移分为液—壁界面滑移、液—液界面滑移、气—液界面滑移。

聚合物滑移可以改善纤维的挤出胀大现象，也可以改变复合纳米纤维的内部结构，当前聚合物溶液的壁面滑移机理主要分为三类，如图 1.19 所示。图 1.19（a）为高分子链与壁面的附着—脱离模型；（b）为壁面黏附层与黏附层附近的分子链缠结—脱结模型；（c）为大分子迁移使壁面层稀薄化的界面润滑模型。

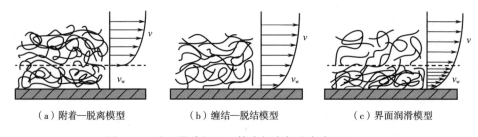

（a）附着—脱离模型　　　（b）缠结—脱结模型　　　（c）界面润滑模型

图 1.19　壁面滑移机理（箭头长度与速度成正比）

迪达（Drda）通过高分子量聚乙烯（PE）熔体在可控压力下毛细管流动中发生超流体样黏滑转变的实验，分析了聚乙烯熔体的流变特性和分子机理，并建立了其与射流现象的联系，在实验中观察到明显的界面滑移并将其解释为熔体—壁面界面上吸附链与自由链完全解缠，这种转变的标志是在临界应力下流动速率的不连续性，导致在流动曲线内出现双值，这意味着熔体在壁管中发生黏附—滑移转变，转变的幅度可以用外推长度 b 来量化，后续研究者将其称为"滑移长度"。

布罗夏尔（Brochard）讨论了聚合物熔体在固体表面附近的剪切流动，发现在固体壁面上吸附了一些分子链，在低剪切速率下会有很强的摩擦力，当达到临界剪切速率时，聚合物分子链经过拉伸后，不再与熔体纠缠在一起，通过这种现象提出壁面滑移的本质是分子链之间的解缠。卡里卡（Kalika）提出了一种幂律模型，并根据斜率的变化计算了壁面滑移速度。

马赫迪（Mahdi）对不可压缩界面流中的液—液界面附近的湍流进行了数值实验研究，从解析尺度上重建了 Navier-Stokes 方程中的应力张量和表面张力，以及 VOF 能量传递方程中的界面动力学，表明液—界面附近的湍流是造成界面滑移的因素。斯泰纳（Steinar）研究了具有一般滑移定律的气—液 Navier-Stokes 模型，该模型允许两相以不等的流速流动，即气体和液体相反方向的流动，该模型适用于离心复合纺丝微三角区气—液滑移。

1.5　离心纺丝微三角区拉伸运动的研究进展

离心旋转微三角区稳定拉伸运动是形成连续射流成型的关键，因此，关于出口溶液液滴拉伸变形和离心旋转射流运动的研究可以追溯到六十多年前。近年来，国内外关于微三角区的研究主要集中在两个问题上，一是膨胀液滴变形，二是初始射流运动轨迹。深入了解离心纺丝液滴变型理论建模过程以及初始射流运动稳定性分析，对微三角区拉伸运动有很大的参考性，对离心纺丝纳米纤维的高质量制备有指导意义。

巴什福斯（Bashforth）和亚当斯（Adams）在 Young-Laplace 公式的基础上，推导出了描述一个处于静力（界面张力对重力）平衡时的悬滴轮廓的方程式。在静力平衡情况下，悬垂液滴的轮廓可通过悬滴底端、顶端的曲率半径和液滴的形状因子来确定。但是由于计算步骤的复杂，没有得到很高的重视。为了计算液滴表面张力，亚当斯等在 1936 年通过对比弯曲面法与选定平面法两种方法发现，第一种方法虽然可以在 Young-Laplace 平衡方程与应力平衡方程条件下精确地对液滴的受力进行描述，但是过于烦琐的求解过程将求解精度大大降低，而第二种选定平面法通过引入了经验校正因子，使得可通过测量悬滴轮廓两极限位置处的尺寸来快速精确地计算出液体的表面张力。胡哈（Huh）和雷德（Reed）提出了张力和接触角的最优估计技术，克服了低界面张力情况下悬垂法的接触角和表面张力存在较大误差的问题。发现通过无孔滴图像的数字化匹配测量剖面比基于两个测量点计算界面张力要精确得多。

埃格斯（Eggers）等研究了具有自由表面的薄轴对称流体柱的黏性运动。由 Navier-Stokes 方程推导出了一维初始射流的速度和半径运动方程，对流体拉伸颈缩形成奇点的性质进行了详细的研究，并进行了相应的数值分析计算。如图 1.20 所示，实验与仿真的衰减射流与挤出液滴的自由面轮廓变化过程显示出计算的精确性。

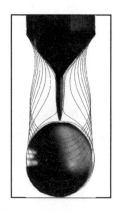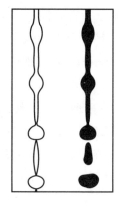

图 1.20　实验与仿真的衰减射流与挤出液滴的自由面轮廓变化过程

里奥（Rio）和诺伊曼（Neumann）使用更有效的算法计算轴对称液滴轮廓，克服了数值格式的不足，用顶点曲率代替顶点曲率半径作为优化参数，解决了极大和平坦的无柄液滴问题。贝里（Berry）等讨论了从捕获的实验图像到拟合的界面张力值的过程，突出相关的特征和沿途的限制。同时引入了一个新的参数沃辛顿数 Wo 来表征测量精度。并提供了一个功能齐全、开放源码的采集和拟合软件。

王定标等将复杂的三维液滴模型转化为二维平面对液滴内部流场进行模拟，采用 VOF 方法对挤出重力场作用下的液滴轮廓变化进行仿真，对 0.1~0.2m/s 的 6 种不同入流速度进行模拟，结果表明入流速度越大流体出现颈缩的完整长度越长，在液滴断裂阶段，较小的入流速度导致液滴内部流场出现两个速度峰值。岳明等在三维模型下对液滴挤出过程进行仿真，如图 1.21 和图 1.22 所示，不同溶液性质和入射速度条件下的仿真结果表明：密度与液滴的变形过程之间存在非单调变化，射流速度对液滴的形成和断裂影响显著。

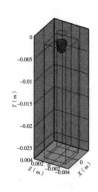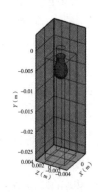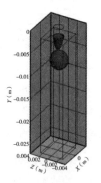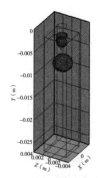

图 1.21　三维模型下对液滴挤出过程仿真

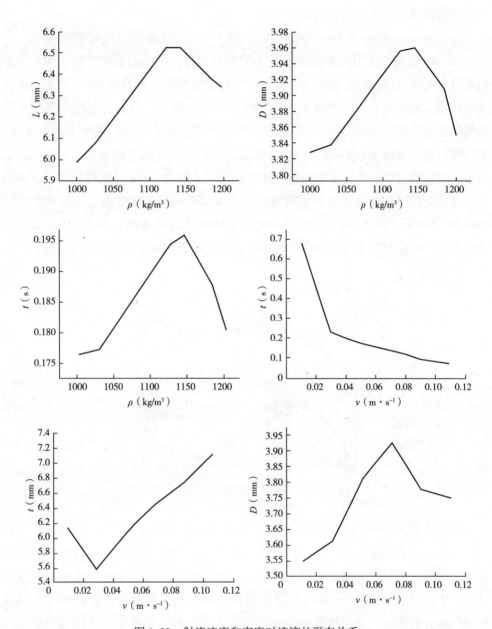

图 1.22 射流速度和密度对液滴的形态关系

诺鲁兹（Noroozi）等建立并验证了离心纺丝喷嘴高黏度弯曲射流的弦模型，通过将角动量方程、Giesekus 黏弹性本构模型、空气对纤维的阻力效应和能量方程引入射流拉伸模型方程中，综合考虑黏性、惯性、表面张力、重力、空气阻力效应。计算结果表明，溶液的弹黏性对射流轨迹的影响非常大，随着溶液流变性增强，射流曲线距离旋转中心越近。

翁（Wong）总结了 M1～M4 四种不同的离心旋转初始射流的破碎模式，如图 1.23 所示，通过使用高速摄像机对不同溶液黏度以及不同射流速度下离心纺丝射流甩出过程的捕捉后，确定了 4 种把不同的破裂模式。在 M1 情况下，由于射流速度较小，使溶液的膨胀拉伸发生在喷嘴出口处，造成了射流弯曲度小且不存在颈缩的悬垂液滴。M2 模式发生在射流出口速度、喷嘴直径和转速增大的情况下，射流破碎模式将由 M1 模式转变为 M2 模式，初始射流自由表面出现明显的不稳定波动，溶液射流多处发生颈缩现象，球形液滴明显增多。而在 M3 情况下，只有在高黏度的流体以高出口速度产生射流时，才可以看到射流沿弯曲射流的几个点同时破裂。M4 模式作为离心纺丝的理想初始射流拉伸运动模式，主要发生在出口速度较低的高黏性射流条件下，但同时也可能导致射流无法从喷嘴甩出的情况出现。

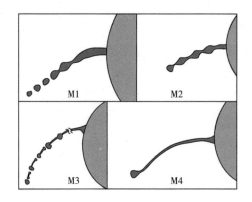

图 1.23　四种不同的离心旋转初始射流的破碎模式

阿尔沙里夫（Alsharif）等研究了表面活性剂对于射流轨迹运动过程的影响，采用渐近法对非牛顿射流在重力作用下的轨迹运动进行了仿真，应用线性理论探究了表面活性剂对于射流破碎情况的影响，提出可利用表面活性剂达到控制液滴破碎大小的目的。格尼（Gurney）首次研究了多扰动频率对射流动力学（由机械振动传递）的影响。使用线性和非线性模型得到的理论预测与中试试验结果的一致性比以往的研究结果要好得多。还考虑了使用附加的强制扰动来控制粒径。如图 1.24 所示，迪夫韦拉（Divvela）等利用离散球棒物理模型成功模拟实际离心纺丝弹黏性射流旋转轨迹，为引入喷嘴直径和喷嘴出口边界条件等因素对纳米纤维初始直径影响提供平台。

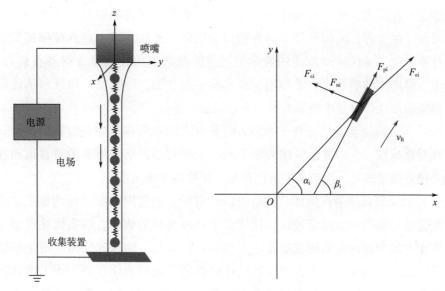

图 1.24 离散球棒物理模型

1.6 研究内容和思路

1.6.1 研究内容

本专著的研究目的是在高速离心纺丝原理的基础上，通过研究多场耦合作用下微三角区内复合纺丝溶液锥体以及初始射流形成规律，建立纺丝优质纳米纤维的制备模型，并利用相关流体力学知识分析纺丝溶液在喷嘴中的运动规律与受力情况，结合高速离心复合纺丝实验，探索高速离心工艺参数和溶液参数对纺丝溶液运动以及最终纳米纤维形态分布的影响，为制备具有实际应用价值的高质量复合纳米纤维奠定理论基础。

研究内容如下：

（1）研究纺丝溶液在高速离心力场、流场、静压力场、重力场及温度场等多场耦合作用下的影响，建立理论数学模型分析纺丝溶液锥体与阶梯喷射射流纤维轨迹形成原理；研究旋转速度、旋转半径、喷嘴直径、喷嘴结构以及纺丝溶液浓度等参数对微三角区内纺丝溶液运动速率和阶梯喷射形成的影响，从而获取纳米纤维与各参数之间的关系。

（2）研究喷嘴内纺丝溶液在多场耦合作用下沿通道向外运动，当溶液受到的表面张力、黏滞力、离心力与静压力等处于平衡状态时在喷嘴处形成锥体。应用流体质量守恒方程、流体动量守恒方程以及流体连续性方程，建立喷嘴位置非惯性坐标系下微三角区纺丝溶液的数学模型。根据微三角区内复合溶液在离心力、黏滞力、静压力和表面张力等作用下的力学平衡状态，分析微三角区溶液流动规律，探究锥形拉伸过程中初始射流稳定性间的关系。

（3）研究高速离心复合纺丝原理，分析复合纳米纤维的制备过程引出微三角区纤维滑移运动，利用复杂流体力学等相关知识对两种纺丝溶液的滑移运动进行简化并建立数学模型，探究纺丝溶液参数与滑移长度的关系。

（4）建立纺丝溶液在罐体、喷嘴内以及直管、弯管内的溶液运动模型，从而探究喷嘴结构参数对纺丝溶液出口速度以及速度偏移的影响；确定优化模型中影响程度较大的参数，并采用灰狼算法对模型进行优化，确保速度偏移最小的情况下，求取溶液出口速度最大，并得到优化参数所对应的最优参数。为了确认优化结果的正确性，以纺丝溶液出口速度大小为试验指标，对包含最优参数在内的一定范围参数的不同高速离心纺丝喷嘴内的溶液运动进行数值模拟。

（5）在高速离心力场作用下，纺丝溶液的能量损失和喷嘴管道入口角度、入口直径、管道长度、管道直径、出口角度、出口直径等各个因素之间存在必然的有规律联系，而纺丝溶液的能量损失直接影响纳米纤维的形态质量，因此这是实现在离心力场作用下制备优质纳米纤维的关键问题。建立微三角区纺丝溶液运动数学模型并进行了仿真验证之后，引入纺丝溶液的表面张力、黏滞性、纺丝溶液浓度、相对摩擦力、相对运动速度、纺丝设备的转速、旋转半径、喷丝孔半径和截面等参数，建立微三角区与离心纺丝工艺参数和溶液特性之间的函数关系。

（6）研究影响纤维滑移运动的主要因素，进行 PA6 和 PA66 聚合物溶液流变实验，将采集的溶液流变参数进行拟合，分析剪切速率对两种聚合物溶液黏度的影响，进而分析溶液参数对滑移运动的影响。通过对高速离心复合纺丝喷嘴内纺丝溶液的运动进行模拟仿真，研究在高速旋转运动中喷嘴内两种纺丝溶液的分布状况，以及压力分布和湍动能分布，进一步确认在微三角区存在滑移运动。

（7）进行高速离心复合纺丝实验，在聚酰胺复合纳米纤维的制备过程中，通过控制变量法改变工艺参数，如纺丝溶液浓度、电动机转速、喷嘴形状、喷嘴直径、喷嘴长度以及收集距离等。通过扫描电镜实验观测复合纳米纤维结构是否为并列型，并分析影响纳米纤维形态分布的因素，研究在不同转速、不同纺丝溶液浓度、不同收集距离下制备的复合纳米纤维形态差异，确定制备聚酰胺复合纳米纤维的最佳方案。使用聚氧化乙烯溶液进行高速离心纺丝实验来制备纳米纤维，控制变量改变高速离心纺丝喷嘴参数以及工艺，观察并对比由直管、弯管喷嘴所制备的纳米纤维形态和直径分布，确定最优高速离心纺丝喷嘴结构。

1.6.2　研究思路

本研究利用高速离心纺丝原理，将罐体与喷嘴结构重新设计，使其可以容纳多种聚合物纺丝溶液，纺丝溶液在离心力的作用下逐渐形成纺丝射流并在空气中做旋转拉伸运动，随着溶剂的蒸发，收集柱上的纤维逐渐固化并形成复合纳米纤维。离心纺丝过程中，罐体中的纺丝溶液主要受到离心力、表面张力、黏性力等作用力的影响。当转速达到临界值时，离心力克服溶液所受的表面张力和黏性切应力并在罐体中发生相对运动，随后每个纺丝溶液在喷嘴口汇合形成溶液微三角区。喷嘴作为纺丝设备中关键的组成部分，研究两种聚合物溶液在喷嘴内的运动状态是离心复合纺丝中最重要的过程，而在高速运动中聚合物溶液与喷嘴壁面、混合层界面、空气接触面都会发生滑移现象，这三种滑移共同构成喷嘴微三角区的滑移运动，这个过程关系到纳米纤维的成型及其形貌（图 1.25）。

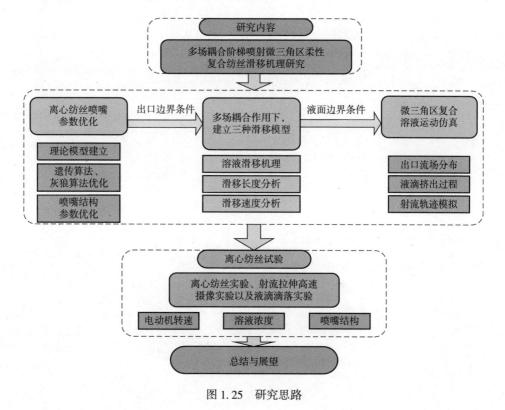

图 1.25　研究思路

第2章 柔性复合纤维的滑移机理

微三角区是指复合纺丝喷嘴内部及初始射流的区域,是纺丝溶液滑移主要发生的位置。复合纺丝是以离心力为主要驱动力制备复合纳米纤维。两种或多种纺丝溶液在离心力的作用下由罐体流入喷嘴,当达到纺丝溶液射流条件时会在喷嘴处形成类椎体,最后通过旋转拉伸形成复合纳米纤维。本章主要研究多种纺丝液在微三角区的运动规律,并探索纺丝溶液在射流前后的滑移类别及滑移机理。

2.1 复合纺丝的工作原理

复合纺丝设备主要由直流无刷驱动电动机、调速器、传动轴、储液罐、喷嘴、紧固装置、收集柱组成,结构示意图如图2.1所示。使用调速器控制电动机转速,通过传动轴带动储液罐旋转,纺丝液从喷嘴射流最终形成复合纳米纤维。收集柱的收集距离可以调节,最远处收集距离为0.5m。复合纺丝设备除底座外,整体材质为铝合金。

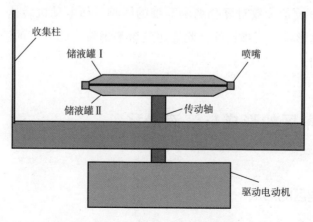

图2.1 复合纺丝设备结构示意图

高速离心纺丝是通过电动机旋转产生离心力将罐体内高分子聚合物溶液甩至喷嘴处，当聚合物溶液自身黏滞力和表面张力小于离心力时，聚合物溶液离开喷嘴被旋转拉伸成纤维。而离心复合纺丝是在离心纺丝的基础上将储液罐体设计为背靠背式或同心圆式，将两种或多种聚合物溶液添加到罐体，通过高速旋转的电动机产生离心力将不同种类聚合物溶液甩至喷头，多种聚合物溶液短时间在喷嘴内接触共同形成初始射流，最后聚合物溶液在空气中旋转、拉伸、凝固形成复合纳米纤维，高速离心复合纺丝过程如图 2.2 所示。

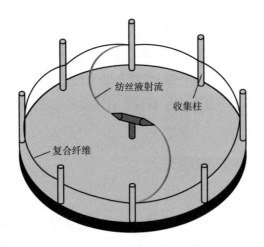

图 2.2　高速离心复合纺丝过程

离心复合纺丝是制备连续复合纳米纤维的一种低成本、高生产率的方法。该方法不需要高压电场与高温条件，对聚合物溶液的要求简单，因此在研究复合纺丝时只需要考虑设备参数对复合纳米纤维的影响，如电动机转速、收集柱距离、喷嘴内径、喷嘴形状和喷嘴长度，此外还应该考虑聚合物溶液的流变参数、浓度和溶液搅拌时间。

2.2　微三角区的形成与溶液滑移

2.2.1　微三角区的形成

高速离心纺丝设备主要由驱动电动机、电动机速度控制器、两个喷嘴、一个储液罐体、下底座托盘、上紧固盘以及多个收集柱构成的收集装置组成，其设备原理及微三角区形成过程示意图如图 2.3 所示。离心纺丝是一种利用电动机旋转产生的离心力制备纳米纤维的方式，当电动机高速旋转时，聚合物溶液从喷嘴管口流出形成初始液滴，并在出口处受到压力、离心力、科氏力、黏滞力、重力、空气阻力等作用下进一步拉伸旋转，形成不稳定的初始射流，在空气场中蒸发凝固形成成品纳米纤维缠绕在周围的收集柱上。

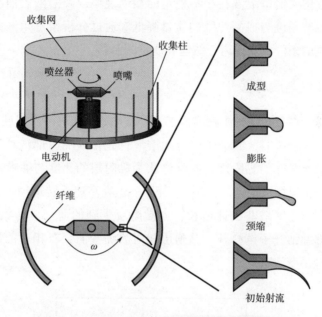

图 2.3　离心纺丝设备及微三角区形成过程示意图

根据离心纺丝设备的结构分类，离心纺丝可分为无喷嘴离心纺丝和喷嘴离心纺丝；根据制备纳米纤维种类可分为单一材料离心纺丝和复合材料离心纺丝；根据离心纺丝的模式可分为静电离心纺丝、熔融离心纺丝、气流辅助离心纺丝以及高速离心纺丝；根据收集方式的不同可分为连续式收集离心法纺丝与间歇式收集离心法纺丝。

如图 2.3 左所示，将离心纺丝过程中纺丝溶液在喷嘴出口处这一初始射流成型区域定义为微三角区，并根据实验观察到的微三角区形态变化将微三角区成型过程主要分为四个阶段：球形液滴成型阶段、液滴膨胀阶段、颈缩阶段、初始射流阶段。

在球形液滴成型阶段，由于表面张力存在，流体在喷嘴口形成球形液滴锥体，随着更多溶液流入微三角区，液滴锥体进一步膨胀，同时在外力作用下液滴被拉伸成椭球形并逐渐增大到临界体积，临界体积表面张力与离心力平衡。随着液滴拉伸流动进一步发展，球形液滴在离心力作用下拉伸变长，突破临界平衡状态导致颈缩现象，溶液被迅速拉长形成初始射流，并在喷嘴出口处形成稳定圆锥结构，锥顶射流喷出并在空气中不断拉伸、凝固，落在收集网上形成纳米级纤维。

研究微三角区的成型过程可以为产生稳定连续的射流提供理论基础。在微三角区的形成过程中，出口溶液存在不稳定的鞭动现象以及溶液表面波动现象，这会导致后续射流的断裂与成品纤维的质量降低。通过分析微三角区成型机理，探究产生稳定射流的条件，实现离心纺丝高质量的制备。

2.2.2　微三角区溶液滑移

微三角区是指在复合纺丝中喷嘴内部及纤维初始射流的一个区域，如图 2.4 所示。制备复合纳米纤维时，高分子聚合物溶液首先在喷嘴内部流动，在靠近喷嘴壁处会形成一层非常薄的黏附层，通常将认为黏附层的速度与喷嘴壁面的速度相同，这是简化分析流体运动的"无滑移假设"。但在高速旋转运动中，聚合物溶液的剪切应力随剪切速率呈非线性增长，当黏附层受到的剪切应力大于临界值时，聚合物溶液内部缠结分子链打开，黏附层相对喷嘴壁面会有相对的滑动速度，这种现象称为"液—壁滑移"。

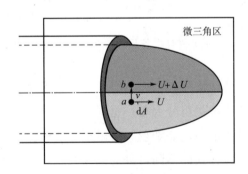

图 2.4　离心复合纺丝微三角区

滑移不仅体现在聚合物溶液横向的相对运动，也会在聚合物溶液纵向截面发生滑移。在电动机旋转速度达到临界射流转的过程中，两种聚合物溶液共同在喷嘴内部流动形成一个共同接触面。随着电动机转速逐渐增大，垂直于切向速度的分量也逐渐增大，接触面两侧的聚合物溶液达到各自临界剪切应力，聚合物溶液内部缠结分子链打开并在接触面附近发生纵向相对滑动，最终导致混合层厚度（滑移长度）在复合纳米纤维截面占比不同，这种现象称为"液—液滑移"。假设在滑移运动中存在 a、b 两层流体，a 层的速度为 U，b 层的速度为 $U+\Delta U$，在 dt 时间内，质点 a 以 v 的脉动速度流入 b 层，其质量为：

$$\Delta m = \rho v dA dt \qquad (2.1)$$

式中：ρ 为溶液密度；dA 为流经微元体面积。

质点 a 进入 b 层后产生新的脉动速度 u，进入 b 层的流体 Δm 受到脉动切向力 F 为：

$$F = -\rho v dA u \qquad (2.2)$$

聚合物溶液在微三角区的受力都与电动机转速有关。随着电动机转速增大，喷嘴处的聚合物液滴通过旋转、拉伸、凝固形成复合纳米纤维。在不稳定射流和稳定射流阶段，因为气液两相之间的密度差，导致气相流速超过液相引发滑移，这种现象称为"气—液滑移"。将微三角区附近的空气视为连续介质，空气与还未蒸发结束的溶液构成多相流。在气相与液相的界面会出现不同程度的聚并现象，气泡与液滴的聚并会影响复合纤维的表面形态。研究微三角区内聚合物溶液的滑移机理可以为离心复合纺丝制备复合纳米纤维提供理论依据。

2.3　微三角区溶液滑移的运动规律

微三角区溶液的滑移运动主要受溶液自身的黏滞力和离心力的影响，黏滞力随剪切速率的增大而减小，离心力随电动机旋转速度增大而增大。聚合物溶液在微三角区的运动是由静止、层流、湍流、射流组成，对应的电动机转速由静止到临界射流转速，在不同转速下聚合物溶液在微三角区有不同的运动状态。

2.3.1　微三角区层流

电动机转速由静止开始加速，当电动机达到一定转速时，微三角区聚合物溶液开始流动，由于用于离心复合纺丝的两种溶液为具有一定黏性的高分子聚合物溶液，聚合物受到的黏滞力沿边界层到轴线逐渐减小，因此溶液截面上流速分布在不断改变，经过一段时间后速度分布曲线才会达到层流的速度分布曲线，如图 2.5 所示。在喷嘴层流运动中，聚合物溶液中的每个质点沿轴向运动，在轴线附近处的流速最大。

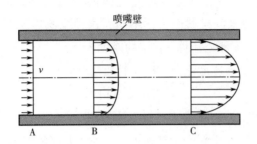

图 2.5 层流阶段聚合物溶液在喷嘴内的流速分布

聚合物溶液与喷嘴壁面接触的部分称为黏附层，在研究离心复合纺丝微三角区滑移中，这部分聚合物溶液流速与喷嘴轴线处流速差异较大。因此随着电动机旋转速度的增加，黏附层开始具有流动趋势，而轴线处的聚合物溶液已经开始流动，因此黏附层进入层流状态的时间会稍晚一些。当电动机转速持续增大，喷嘴内聚合物溶液的流动状态都将转变为层流。

2.3.2 微三角区湍流

随着电动机旋转速度增大，在达到临界射流转速前的阶段，微三角区内聚合物溶液超过临界雷诺系数，溶液的运动状态由层流转变为湍流，流体质点做无规律的运动，其速度大小与方向都在不停地变化。在这个过程中，流体质点不仅沿主流方向运动，还会沿不同方向产生脉动，使各流层之间产生质点交换。

复合纺丝中微三角区的湍流分布可以分为四个部分，如图 2.6 所示。第一部分为聚合物溶液与壁面接触的黏附层，在这部分中由于溶液自身黏滞力的影响导致黏附层的流速与中心层流速差异较大，所以黏附层的流动状态呈层流；第二部分为黏附层与核心区之间的过渡区，但这个区域很小且流动状态更为复杂，一般将

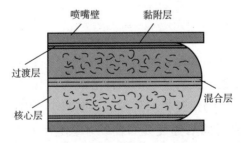

图 2.6 湍流阶段聚合物溶液在喷嘴内的分布

其归入核心区处理；第三部分为过渡区与两种聚合物溶液接触面之间的区域称为核心区，这个区域由于流速分布较为均匀处于湍流运动状态；第四部分为两种聚合物溶液接触面附近的区域，该区域靠近微三角区轴线处称为混合区，但由于两种聚合物溶液之间的黏滞力会产生拖曳力阻碍其流动，因此该区域流速比核心区流速小。

2.4　微三角区溶液滑移的运动过程

聚合物溶液在微三角区的射流运动主要受到电动机转速的影响，根据电动机转速将微三角区溶液的运动分为四个阶段，分别为初始射流、不稳定射流、稳定射流、极限射流。四个阶段对应着不同的转速分别为射流临界转速、射流不稳定转速、射流稳定转速、射流极限转速。

2.4.1　微三角区初始射流阶段

微三角区初始射流是指电动机由静止加速到射流临界转速的阶段。当电动机静止时，聚合物溶液在储液罐内处于静止状态。随着电动机转速增加，离心力也逐渐增大，聚合物溶液在离心力的作用下缓慢流向喷嘴。电动机转速达到射流临界转速时，聚合物溶液在喷嘴处受到的黏滞力、表面张力、离心力、静压力达到平衡状态。由于两种聚合物溶液差异，它们在喷嘴内存在相对运动。这种相对运动会产生平行于接触面的剪切力，流速快的流层会对流速慢的流层产生拖曳力，反之流速慢的会对流速快的层流产生阻力，但这一对力在初始射流阶段是大小相同、方向相反的一种内摩擦力。

用于复合纺丝的溶液为高分子聚合物溶液，在静止阶段因为其内部缠结分子链相对稳定导致黏度最大，两种聚合物溶液在喷嘴壁面受到的黏滞力最大。当电动机转速逐渐增大时，黏滞力由喷嘴壁面到喷嘴轴线逐渐减小，轴线处的聚合物溶液开始缓慢流动，但壁面处的聚合物溶液存在运动的趋势，其速度梯度不为零，因为其内部缠结分子链开始逐渐打开，分子链相互之间的滑移不被限制，如图 2.7所示。电动机转速达到临界转速时，分子链间的滑移随转速增大而增大，靠近喷嘴壁面的黏附层与喷嘴壁面的滑移长度也逐渐增大。最终两种聚合物溶液在喷嘴处共同形成溶液椎体构成微三角区初始射流。

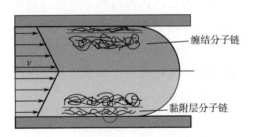

图 2.7　初始射流溶液在喷嘴内的运动

2.4.2　微三角区不稳定射流阶段

微三角区不稳定射流阶段包括电动机旋转速度大于临界射流转速和极限射流转速两个阶段。当电动机转速是临界射流转速时，因为表面张力的存在使聚合物溶液锥体在初始射流阶段保持稳定。在复合纺丝中表面张力是维持溶液锥体形态而产生的抵抗形变的变量，它阻碍溶液锥体表面发生形变。随着电动机转速增大，溶液锥体的表面张力随表面积的增大而增大，溶液锥体在离心力与表面张力的共同影响下逐渐在锥体顶部形成液滴，液滴经过拉伸产生颈缩现象，最后在空气阻力和离心力的作用下形成不稳定的波动射流，如图 2.8 所示。在这个阶段中锥体表面张力的变化与离心力的变化是造成射流不稳定的主要因素，因此在这个阶段复合纤维表面会有液珠分布。

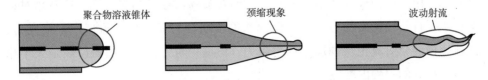

图 2.8　离心复合纺丝不稳定射流过程

当电动机转速达到极限射流时，聚合物溶液锥体受到的离心力远大于黏滞力与表面张力，溶液锥体破裂以连续液珠的形式射流。在这个阶段会有少量的复合纳米纤维产生，但复合纳米纤维受离心力和周围高速气流的影响出现絮状纤维和断裂纤维，这部分纤维受高速气流影响无法到达纤维收集柱。因此研究复合纺丝微三角区不稳定射流阶段是制备复合纳米纤维的重要一步。

2.4.3　微三角区稳定射流阶段

随着旋转速度的增大，聚合物溶液锥体经过波动射流后达到稳定射流。在稳定射流阶段主要的影响是离心力的大小，离心力随着旋转速度的增加而增大，射流半径也逐渐增大，如图 2.9 所示。射流溶液经过拉伸过程，伴随着溶剂的快速蒸发，最终缠绕在收集柱上形成干燥的复合纳米纤维。

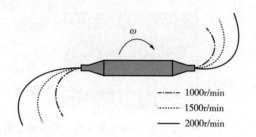

図 2.9　离心复合纺丝不同转速的射流半径

聚合物溶液在微三角区稳定射流阶段主要是电动机转速增加所提供的离心力足够克服表面张力和黏滞力，当射流转速稳定时，聚合物溶液椎体在微三角区处受力达到动态平衡以保持射流的稳定性与持续性。稳定射流阶段对应着一个转速区间，在这个区间内改变旋转速度，随着转速的增大微三角区射流曲率半径逐渐增大，最终在整个空间射流中形成一个螺旋轨迹。在稳定射流阶段旋转速度越大聚合物液滴在微三角区的拉伸速率也越大，从而改变纳米纤维的直径。

2.5　微三角区聚合物溶液流动模型基础

通过对离心复合纺丝微三角区聚合物溶液运动规律以及滑移机理的分析，本节主要通过建立微三角区聚合物溶液的液—壁滑移、液—液滑移、气—液滑移模型对微三角区的滑移进一步讨论。结合聚合物溶液在微三角区流动过程中的质量守恒方程和动量守恒方程，探究离心复合纺丝微三角区溶液的滑移规律，通过对聚合物溶液的受力分析建立滑移距离与黏附层溶液黏度的关系以及滑移速度与旋转速度之间的关系，为聚合物溶液在微三角区的模拟仿真提供理论依据。

两种聚合物溶液在微三角区的运动包括喷嘴内的运动和初始射流阶段，从聚合物溶液到溶剂经蒸发拉伸形成复合纳米纤维是一个连续的过程。根据两相流体动力学基本知识，在这个过程中存在相的界面并且相界面是运动的，因此满足两相流运动条件。微三角区中的聚合物溶液遵循连续性方程、动量方程、能量方程以及聚合物溶液自身特有的流变性方程。

两种聚合物溶液在喷嘴微三角区的分布如图 2.10 所示，为了更容易分析溶液在喷嘴内的受力状况，将喷嘴内聚合物溶液分成无数个微元控制体，微元控制体是一个正六面体，经过 Δt 时刻后，微元六面体发生变形，在这个变形过程中发生滑移。

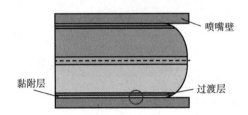

图 2.10　两种聚合物溶液在喷嘴微三角区的分布

2.5.1　聚合物溶液微三角区的连续性方程

聚合物溶液在微三角区运动过程中，根据质量守恒定律，把其中一个边长为 $\mathrm{d}x$、$\mathrm{d}y$ 和 $\mathrm{d}z$ 的六面体作为控制体，如图 2.11 所示，控制体中流体质量对时间的变化率与流经该控制体表面的净质量流量在数值上满足：

$$\oiint\limits_{cs}\rho v_{\mathrm{n}}\mathrm{d}A + \frac{\partial}{\partial t}\iiint\limits_{cv}\rho \mathrm{d}V = 0 \tag{2.3}$$

式中：ρ 为聚合物溶液浓度；v_{n} 为微三角区聚合物溶液流速；A 为控制体表面积；V 为控制体体积。

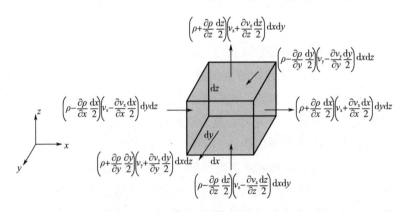

图 2.11　微三角区连续性方程微元控制体

通过求出沿 x 轴、y 轴和 z 轴方向每秒流入的流体质量与流出的流体质量之差，将结果代入式（2.3）得出直角坐标系下微分形式的聚合物溶液连续方程为：

$$\frac{\partial \rho}{\partial t}+\frac{\partial(\rho v_{x})}{\partial x}+\frac{\partial(\rho v_{y})}{\partial y}+\frac{\partial(\rho v_{z})}{\partial z}=0 \tag{2.4}$$

由于聚合物溶液密度不随时间发生改变，在这里将聚合物溶液视为不可压缩流体，ρ 为常数，则聚合物溶液连续方程可变为：

$$\nabla \cdot \vec{v}=\frac{\partial u_{x}}{\partial x}+\frac{\partial u_{y}}{\partial y}+\frac{\partial u_{z}}{\partial z}=\frac{\partial u_{i}}{\partial x_{i}}=0 \tag{2.5}$$

式中：v 为喷嘴内纺丝溶液流速；u 表示纺丝溶液分别在 x 轴、y 轴、z 轴的速度分量。

2.5.2　聚合物溶液微三角区的动量方程

聚合物溶液在微三角区运动过程中还需要满足动量守恒定律，其微元体上流体的动量对时间的比率等于作用在微元体上的各力之和。在聚合物溶液中取边长为 $\mathrm{d}x$、$\mathrm{d}y$ 和 $\mathrm{d}z$ 的六面体微元控制体，如图 2.12 所示。其中 p 为法向应力，τ 为切向应力，f_{i}（$i=x$，y，z）为单位质量力的三个分量。

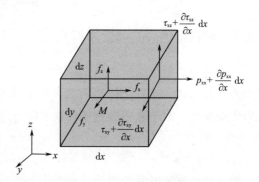

图 2.12　微三角区动量方程六面体微元控制体

聚合物溶液本身具有一定的黏性，经过拉伸凝固才可以形成纳米纤维，因此聚合物溶液在微三角区运动时，流体受到质量力、法向应力和切向应力。根据牛顿第二定律写出沿 x、y、z 轴的运动微分方程，经简化后如下：

$$\begin{cases} \dfrac{\mathrm{d}v_{x}}{\mathrm{d}t}=f_{x}+\dfrac{1}{\rho}\dfrac{\partial p_{xx}}{\partial x}+\dfrac{1}{\rho}\left(\dfrac{\partial \tau_{yx}}{\partial y}+\dfrac{\partial \tau_{zx}}{\partial z}\right) \\[2mm] \dfrac{\mathrm{d}v_{y}}{\mathrm{d}t}=f_{y}+\dfrac{1}{\rho}\dfrac{\partial p_{yy}}{\partial y}+\dfrac{1}{\rho}\left(\dfrac{\partial \tau_{zy}}{\partial z}+\dfrac{\partial \tau_{xy}}{\partial x}\right) \\[2mm] \dfrac{\mathrm{d}v_{z}}{\mathrm{d}t}=f_{x}+\dfrac{1}{\rho}\dfrac{\partial p_{zz}}{\partial z}+\dfrac{1}{\rho}\left(\dfrac{\partial \tau_{xz}}{\partial x}+\dfrac{\partial \tau_{yz}}{\partial y}\right) \end{cases} \tag{2.6}$$

式中：$\mathrm{d}v_{i}/\mathrm{d}t$ 为微元体内聚合物溶液三个方向上的加速度；ρ 为纺丝溶液密度；f_{i} 是微元控制体上的体积力；p_{xx}、p_{yy}、p_{zz} 为微元体内聚合物溶液受到的法向应力；

τ_{xy}、τ_{xz}、τ_{yx}、τ_{yz}、τ_{zx}、τ_{zy} 为微元体内聚合物溶液受到的切向应力。

根据牛顿内摩擦定律与不可压缩流体的连续性方程得到不可压缩流体黏性流体的动量方程张量形式如下：

$$\begin{cases} \dfrac{dv_x}{dt}=f_x-\dfrac{1}{\rho}\dfrac{\partial p}{\partial x}+\nu\left(\dfrac{\partial^2 v_x}{\partial x^2}+\dfrac{\partial^2 v_x}{\partial y^2}+\dfrac{\partial^2 v_x}{\partial z^2}\right) \\[3mm] \dfrac{dv_y}{dt}=f_y-\dfrac{1}{\rho}\dfrac{\partial p}{\partial y}+\nu\left(\dfrac{\partial^2 v_y}{\partial x^2}+\dfrac{\partial^2 v_y}{\partial y^2}+\dfrac{\partial^2 v_y}{\partial z^2}\right) \\[3mm] \dfrac{dv_z}{dt}=f_x-\dfrac{1}{\rho}\dfrac{\partial p}{\partial z}+\nu\left(\dfrac{\partial^2 v_z}{\partial x^2}+\dfrac{\partial^2 v_z}{\partial y^2}+\dfrac{\partial^2 v_z}{\partial z^2}\right) \end{cases} \tag{2.7}$$

简化后表达成张量形式为：

$$\frac{\partial v_i}{\partial t}=f_i-\frac{1}{\rho}\frac{\partial p}{\partial x_i}+\nu\frac{\partial^2 v_i}{\partial x_j^2} \tag{2.8}$$

2.5.3 聚合物溶液的流变本构方程

在高速离心复合纺丝中所选取的聚合物溶液不符合牛顿内摩擦定律，多为假塑性非牛顿流体，这种流体表现为一旦受力就会产生流动，表观黏度随剪切速率的增大而减小。对于非牛顿流体表观黏度 η_a 定义为：

$$\eta_a=\frac{\tau}{\dot{\gamma}} \tag{2.9}$$

聚合物溶液的黏滞切应力方程为：

$$\tau=k\dot{\gamma}^n=k\left(\frac{du}{dy}\right)^n \tag{2.10}$$

式中：k 为聚合物溶液的黏稠系数，用于表示聚合物溶液的黏稠程度，单位为 $Pa \cdot s^n$；n 为聚合物溶液的流变指数，当 $n=1$ 时，聚合物溶液为牛顿流体，当 $n>1$ 时，聚合物溶液为胀塑性流体，当 $n<1$ 时，$d\eta_a/d\dot{\gamma}=(n-1)k\dot{\gamma}^{n-2}<0$，聚合物溶液为假塑性流体，其表观黏度随聚合物溶液剪切速率增大而减小。du/dy 为聚合物溶液的流速梯度，聚合物溶液种类、浓度以及剪切速率的不同，黏稠系数 k 以及流变指数 n 也不同，需要由实验决定。

2.6 微三角区液—壁滑移理论模型

在流体研究中经常将喷嘴与管内流体采取理想化假设：喷嘴壁是光滑的且与

液体接触面之间不存在滑移（相对运动）。高速离心纺丝过程中这一假设不再适用，当电动机旋转速度增大至电动机所提供的离心力大于聚合物溶液的表面张力时，聚合物溶液从喷嘴产生射流，由于剪切力逐渐增大壁面黏附层黏度也在改变，壁面滑移实质上是黏附层与过渡层之间的相对运动。通过在喷嘴内建立聚合物溶液运动模型，分析壁面滑移对纤维成型的影响。

在高速离心运动中，聚合物在喷嘴内的运动会发生形变，因此为连续介质运动，区别于刚体运动。在壁面滑移中分为真实滑移与表观滑移，真实滑移是指在分子水平上的真正滑移，聚合物分子链在固体表面上滑动。在研究壁面真实滑移首先需要建立聚合物溶液在高速运动中压降和切应力的关系。如图 2.13 所示，在喷嘴内建立柱坐标系 r 轴、φ 轴、z 轴，其中 x 轴为竖轴与电动机传动轴方向一致。

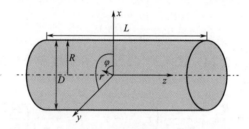

图 2.13　喷嘴柱面坐标系

由于聚合物溶液在喷嘴内的流动是轴对称运动，所以变量与 φ 无关，将柱面坐标的运动方程整理后可得：

$$\begin{cases} \dfrac{\partial p}{\partial r}-\rho g_r = \dfrac{\mathrm{d}\tau_{rr}}{\mathrm{d}r}-\dfrac{\tau_{rr}-\tau_{\theta\theta}}{r} \\[3mm] \dfrac{1}{r}\dfrac{\partial p}{\partial \theta}-\rho g_\theta = 0 \\[3mm] \dfrac{\partial p}{\partial z}=\dfrac{1}{r}\dfrac{\mathrm{d}\,(r\tau_{rz})}{\mathrm{d}r}+\rho g_z \end{cases} \tag{2.11}$$

因为 $\dfrac{\partial p}{\partial z}$ 在 z 方向是常数，所以可以得到 $\dfrac{\partial p}{\partial z}=\dfrac{\Delta p}{L}$，$\tau_{rz}=\tau$。

式中：Δp 为流体压降；L 为喷嘴长度。

对式（2.11）进行积分可得：

$$\tau = \frac{\Delta p r}{2L} \tag{2.12}$$

式中：r 为溶液高度；τ 为作用在溶液上的切应力。

则喷嘴壁面处的切应力为：

$$\tau_w = \frac{\Delta p R}{2L} \tag{2.13}$$

在推导式（2.13）时，没有考虑聚合物溶液的流动状态与性质，因此适用于聚合物溶液各种流动状态，包括层流和湍流。在研究壁面滑移时先应该讨论聚合物溶液在喷嘴壁面附近的流速分布。所选聚合物溶液为非牛顿流体中的假塑性流体，在描述假塑性流体时使用幂律流体模型，其中幂律流体的应变速度为：

$$f(\tau) = \left(\frac{\tau}{k}\right)^{\frac{1}{n}} \tag{2.14}$$

本构方程为：

$$-\frac{\mathrm{d}u_0}{\mathrm{d}r} = f(\tau) \tag{2.15}$$

将式（2.12）~式（2.14）代入式（2.15）并更换积分变量得到幂律流体在喷嘴内流速的流速分布为：

$$u_0 = \frac{R}{\tau_w}\int_\tau^{\tau_w}\left(\frac{\tau}{k}\right)^{\frac{1}{n}}\mathrm{d}\tau = \frac{R}{\tau_w}k^{-\frac{1}{n}}\frac{n}{n+1}\left(\tau_w^{\frac{n+1}{n}} - \tau^{\frac{n+1}{n}}\right) = \frac{n}{n+1}\left(\frac{2kL}{\Delta p}\right)^{-\frac{1}{n}}\left(R^{\frac{n+1}{n}} - r^{\frac{n+1}{n}}\right)$$

$$\tag{2.16}$$

当 r 取值趋于 R 时，由式（2.16）得出喷嘴内聚合物溶液黏附层流速，单一的流速变化并不能将壁面滑移直观的表示出，因此引入滑移长度的概念，这是目前用于量化固—液界面滑移最常用的概念。滑移长度 b 是液体速度外推至固液界面以外的距离，如图 2.14 所示，滑移长度 b 与液体在壁面滑移速度 v 有关，公式为：

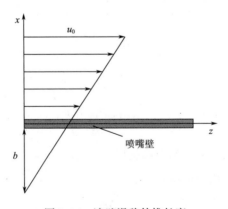

图 2.14　液壁滑移外推长度

$$v = b \frac{\partial u_0}{\partial x} \Big|_{x=R} \tag{2.17}$$

式中：v 为滑移速度；x 为垂直于喷嘴壁的轴；$\partial u_0 / \partial x$ 为聚合物管壁的剪切速率 γ_w，可以表示为：

$$\gamma_w = \left(\frac{\tau}{k}\right)^{\frac{1}{n}} = \left(\frac{\Delta p R}{2kL}\right)^{\frac{1}{n}} \tag{2.18}$$

式中：k 为黏稠系数；n 为流型指数。

k 和 n 为聚合物溶液的两个重要流变系数，Δp 可以通过聚合物溶液在喷嘴内流量 Q 表示，流量表达式为：

$$Q = \frac{\pi R^3}{\tau_w{}^3} \int_0^{\tau_w} \left(\frac{\tau}{k}\right)^{\frac{1}{n}} \tau^2 d\tau = \frac{n}{1+3n} \left(\frac{\tau_w}{k}\right)^{\frac{1}{n}} \pi R^3 \tag{2.19}$$

将式（2.13）代入式（2.19）得：

$$Q = \left(\frac{\Delta p}{2kL}\right)^{\frac{1}{n}} \frac{n\pi}{1+3n} R^{\frac{1+3n}{n}} \tag{2.20}$$

由式（2.20）变换后的压降表达式为：

$$\Delta p = Q^n \left(\frac{1+3n}{\pi n}\right)^n \frac{2kL}{R^{1+3n}} \tag{2.21}$$

将式（2.21）代入式（2.18）得到管壁剪切速率为：

$$\gamma_w = \frac{1+3n}{n} \frac{Q}{\pi R^3} \tag{2.22}$$

将式（2.22）代入式（2.17）得出液壁真实滑移速度为：

$$v = b \frac{1+3n}{n} \frac{Q}{\pi R^3} \tag{2.23}$$

但还存在另一种壁面滑移称为表观滑移，这种滑移并不是发生在固体与流体界面，而是发生在黏附层与过渡层之间。在直角坐标系中 t 时刻的微元体取点 M_0 (x, y, z)，同时取另一点 M $(x+\delta x, y+\delta y, z+\delta z)$，壁面表观滑移速度如图 2.15 所示，假设点 M_0 的速度为 u (x, y, z)，其中 δx、δy、δz 为最小量，用质点 M_0 的速度泰勒展开式来定

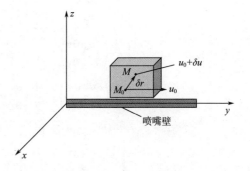

图 2.15　壁面表观滑移速度

义 M 点的速度，即：

$$u（M）=u（M_0）+\delta\boldsymbol{u}=u（M_0）+\frac{\partial u}{\partial x}\mathrm{d}x+\frac{\partial u}{\partial y}\mathrm{d}y+\frac{\partial u}{\partial z}\mathrm{d}z \tag{2.24}$$

写成分量形式为：

$$\begin{cases} u（M）=u（M_0）+\delta u=u（M_0）+\frac{\partial u}{\partial x}\mathrm{d}x+\frac{\partial u}{\partial y}\mathrm{d}y+\frac{\partial u}{\partial z}\mathrm{d}z \\[2mm] v（M）=u（M_0）+\delta v=v（M_0）+\frac{\partial v}{\partial x}\mathrm{d}x+\frac{\partial v}{\partial y}\mathrm{d}y+\frac{\partial v}{\partial z}\mathrm{d}z \\[2mm] w（M）=u（M_0）+\delta w=w（M_0）+\frac{\partial w}{\partial x}\mathrm{d}x+\frac{\partial w}{\partial y}\mathrm{d}y+\frac{\partial w}{\partial z}\mathrm{d}z \end{cases} \tag{2.25}$$

其中，式（2.25）的后半部分为 M 点相对于 M_0 点的表观滑移速度，用（δu，δv，δw）表示，可以用矩阵的形式表示为：

$$\begin{bmatrix} \delta u \\ \delta v \\ \delta w \end{bmatrix} = \begin{bmatrix} \frac{\partial u}{\partial x} & \frac{\partial u}{\partial y} & \frac{\partial u}{\partial z} \\[2mm] \frac{\partial v}{\partial x} & \frac{\partial v}{\partial y} & \frac{\partial v}{\partial z} \\[2mm] \frac{\partial w}{\partial x} & \frac{\partial w}{\partial y} & \frac{\partial w}{\partial z} \end{bmatrix} \begin{bmatrix} \delta x \\ \delta y \\ \delta z \end{bmatrix} \tag{2.26}$$

上式的三阶矩阵可以分解为：

$$\begin{bmatrix} \frac{\partial u}{\partial x} & \frac{\partial u}{\partial y} & \frac{\partial u}{\partial z} \\[2mm] \frac{\partial v}{\partial x} & \frac{\partial v}{\partial y} & \frac{\partial v}{\partial z} \\[2mm] \frac{\partial w}{\partial x} & \frac{\partial w}{\partial y} & \frac{\partial w}{\partial z} \end{bmatrix} = \begin{bmatrix} 0 & \frac{1}{2}\left(\frac{\partial u}{\partial y}-\frac{\partial v}{\partial x}\right) & \frac{1}{2}\left(\frac{\partial u}{\partial z}-\frac{\partial w}{\partial x}\right) \\[2mm] \frac{1}{2}\left(\frac{\partial v}{\partial x}-\frac{\partial u}{\partial y}\right) & 0 & \frac{1}{2}\left(\frac{\partial v}{\partial z}-\frac{\partial w}{\partial y}\right) \\[2mm] \frac{1}{2}\left(\frac{\partial w}{\partial x}-\frac{\partial u}{\partial z}\right) & \frac{1}{2}\left(\frac{\partial w}{\partial y}-\frac{\partial v}{\partial z}\right) & 0 \end{bmatrix} +$$

$$\begin{bmatrix} \frac{\partial u}{\partial x} & \frac{1}{2}\left(\frac{\partial u}{\partial y}+\frac{\partial v}{\partial x}\right) & \frac{1}{2}\left(\frac{\partial u}{\partial z}+\frac{\partial w}{\partial x}\right) \\[2mm] \frac{1}{2}\left(\frac{\partial u}{\partial y}+\frac{\partial v}{\partial x}\right) & \frac{\partial v}{\partial y} & \frac{1}{2}\left(\frac{\partial v}{\partial z}+\frac{\partial w}{\partial y}\right) \\[2mm] \frac{1}{2}\left(\frac{\partial u}{\partial z}-\frac{\partial w}{\partial x}\right) & \frac{1}{2}\left(\frac{\partial v}{\partial z}+\frac{\partial w}{\partial y}\right) & \frac{\partial w}{\partial z} \end{bmatrix}$$

$$= \begin{bmatrix} 0 & -\omega_z & \omega_y \\ \omega_z & 0 & -\omega_x \\ -\omega_y & \omega_x & 0 \end{bmatrix} + \begin{bmatrix} \varepsilon_{xx} & \varepsilon_{xy} & \varepsilon_{xz} \\ \varepsilon_{yx} & \varepsilon_{yy} & \varepsilon_{yz} \\ \varepsilon_{zx} & \varepsilon_{zy} & \varepsilon_{zz} \end{bmatrix} = \boldsymbol{A}+\boldsymbol{B} \tag{2.27}$$

将式（2.27）代入式（2.26）中可以得到表观滑移速度，写成矢量表达式为：

$$\delta u = \boldsymbol{A} \times \delta r + \boldsymbol{B} \cdot \delta r \tag{2.28}$$

在式（2.27）中，第二个矩阵是反对称矩阵 $\boldsymbol{A}$，代表流体微团中 M 点到 M_0 点的旋率，第三个矩阵为对称矩阵 $\boldsymbol{B}$，代表 M 点到 M_0 点的应变速率。

2.7　微三角区液—液滑移理论模型

离心复合纺丝过程中两种聚合物溶液在喷嘴的微三角区内形成一个整体，但由于两种聚合物溶液性质有所差异会在溶液之间形成一个界面，这个混合区域的溶液主要受离心力、静压力、表面力、黏滞力等其他作用力。在此将其视为一种多相流模型，将各相看成相互渗透和耦合，但是具有不同运动特性的连续介质，喷嘴微三角区聚合物溶液受力，如图 2.16 所示。

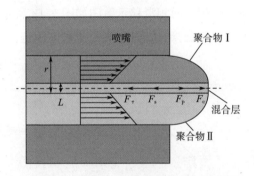

图 2.16　喷嘴微三角区聚合物溶液受力图

由图 2.16 可知混合层在液—液界面处受到的阻碍力主要有黏滞力和表面力，离心力和静压力为促进复合纤维的射流运动。根据高速离心复合纺丝原理对聚合物在微三角区中沿轴向受力进行分析，可推出混合层的受力表达式为：

$$\sum_{i=1}^{n} F_{pi} + \sum_{i=1}^{n} F_{ci} \cdot ey = \sum_{i=1}^{n} (F_{si} + F_{\tau i}) \cdot ey \tag{2.29}$$

2.7.1　纺丝溶液两相流的守恒方程

在两相流中建立含有动量方程和连续性方程的方程组来求解每一相，其中压力项和液—液界面交换系数是耦合在一起的，不同相之间的动量交换依赖于聚合物溶液的类别。在双流体模型中考虑液液两相相互滑移引起的阻力，因此更加接近于聚合物溶液在喷嘴微三角区的运动情况。聚合物溶液分子在液—液界面处沿水平或垂直方向扩散，在两种聚合物之间形成混合层，混合层分子扩散如图 2.17 所示。

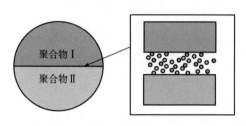

图 2.17　混合层分子扩散图

液—液滑移模型中考虑了流体界面间的湍流和速度差异。在聚合物Ⅰ和聚合物Ⅱ的复合纺丝中，两种聚合物的滑移实质上是聚合物Ⅰ与混合层之间的滑移，包括横向与纵向的滑移，以聚合物Ⅰ与混合层之间的界面为研究对象，将聚合物Ⅰ视为 p 相，混合层视为 q 相，两相滑移示意图如图 2.18 所示。在 p、q 两相滑移中，两相之间存在纵向的质量交换，该过程满足质量守恒定律，因此 p 相的连续性方程为：

$$\frac{\partial}{\partial t}(\alpha_p \rho_p) + \nabla \cdot (\alpha_p \rho_p \vec{v}_p) = \sum_{p=1}^{n} m_{pq} \tag{2.30}$$

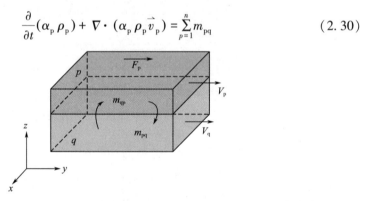

图 2.18　两相滑移示意图

式中：α_p 为 p 相的体积分数；ρ_p 为 p 相的密度；$\vec{v}_p$ 为 p 相的速度；m_{pq} 为 p 相到 q 相的质量传递。

根据质量守恒定律可知 p 相与 q 相的质量传递是相同的，因此等式右边为零。为了研究 p、q 两相的滑移速度可以通过分析两相之间的作用力，这里可以忽略升力和虚拟质量力，因此列出动量守恒方程为：

$$\frac{\partial}{\partial t}(\alpha_p \rho_p \vec{v}_p) + \nabla \cdot (\alpha_p \rho_p \vec{v}_p \vec{v}_p) = -\alpha_p \nabla P + \nabla \cdot \overline{\overline{\tau}}_p + \alpha_p \rho_p \vec{F}_p + \sum_{p=1}^{n} \vec{R}_{pq} \qquad (2.31)$$

式中：$\vec{F}_p$ 是外部体积力；$\vec{R}_{pq}$ 为两相之间的相互作用力；$\overline{\overline{\tau}}_p$ 为 p 相的压力应变张量；P 为各相之间的共享压力。

其中两相之间的相互作用力依赖于摩擦力、压力、内聚力等其他力的影响，可以将其改写为以下形式：

$$\sum_{p=1}^{n} \vec{R}_{pq} = \sum_{p=1}^{n} K_{pq}(\vec{v}_p - \vec{v}_q) \qquad (2.32)$$

2.7.2　纺丝溶液两相流的滑移速度

液—液两相流中，因为 p 相是起支配作用的流体，将其视为主相，第二相被假定为液滴或气泡的形式在另一种聚合物溶液内滑移。在式（2.32）中 K_{pq} 是两相间动量交换系数。引入液—液交换系数可以将其写为：

$$K_{pq} = \frac{\alpha_p \rho_p \psi}{\tau_p} \qquad (2.33)$$

式中：ψ 为曳力函数；τ_p 为微元体中分子链松弛时间。

高分子聚合物在滑移过程中各微元体之间作用力很大，从 p 相的一种平衡状态滑移到 q 相新的平衡态所需的时间称为松弛时间。可以定义为：

$$\tau_p = \frac{\rho_p l^2}{18\mu_q} \qquad (2.34)$$

式中：l 为微元流体从 p 相到 q 相的滑移距离。

曳力函数 ψ 对不同形式的交换系数有所差异，但都包含曳力系数 C_D 与雷诺系数 Re，在液—液交换系数中曳力函数表示为：

$$\psi = \frac{C_D Re}{24} \qquad (2.35)$$

式中曳力系数为：

$$C_D = \begin{cases} \dfrac{24(1+0.15Re^{0.687})}{Re} & Re \leqslant 1000 \\ 0.44 & Re > 1000 \end{cases} \qquad (2.36)$$

由相对雷诺系数可知主相 p 与 q 相之间的滑移速度为：

$$\vec{v}_p - \vec{v}_q = \frac{Re\mu_q}{\rho_p l} \qquad (2.37)$$

将式（2.33）~式（2.35）代入式（2.37）中得：

$$\vec{v}_{\text{p}} - \vec{v}_{\text{q}} = \frac{4K_{\text{pq}}l}{3C_{\text{D}}\partial_{\text{p}}\rho_{\text{p}}} \tag{2.38}$$

2.8 微三角区气—液滑移理论模型

在空间射流运动中，喷嘴处于高速旋转运动，在喷嘴微三角区附近产生高速气流，聚合物溶液离开喷嘴后经拉伸与溶剂蒸发形成复合纳米纤维，但聚合物溶液在离开喷嘴时的初始射流阶段与空气会形成一个气液层，发生气—液滑移。

将流体沿射流方向分为初始部分和主体部分，初始部分的长度大约是喷嘴直径的 6 倍。在初始部分，聚合物溶液的主要横截面是中心速度逐渐减小的区域，因此聚合物的气液滑移会发生在初始部分。气—液滑移纤维选择示意图如图 2.19 所示，选取长度为 $\text{d}x$ 的纤维进行分析。将这段纤维的气—液滑移视为在水平管中的气液两相流，通过这个模型的假设可以将复杂的气—液滑移进行简化，简化为水平管中常见的层流，根据层状流的力学分析对气液滑移进行全面的分析。

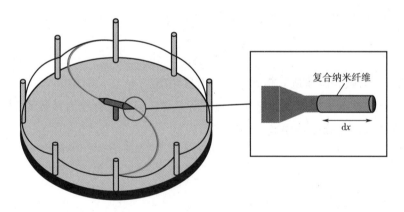

图 2.19　气—液滑移纤维选择示意图

气液两相滑移具有相的分界面，除去介质与外界物体之间存在相互作用力，分界面也存在相互作用力，在连续稳定的射流条件下相界面的作用力处于平衡状态。在能量平衡角度上讲，相界面之间也存在能量交换。每一相介质有其独立的物性参数，因此建立每一相的流动特性方程。选取纤维长度为 $\text{d}x$ 的气液界面进行分析，气—液滑移示意图如图 2.20 所示。

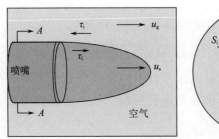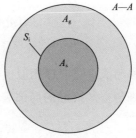

图 2.20　气—液滑移示意图

假设液相在微三角区的流程为溶剂蒸发过程，S_i 为气液界面周长，τ_i 为界面剪切力，则液相的力学平衡方程式为：

$$A_s\left(\frac{\mathrm{d}p}{\mathrm{d}x}\right)=\tau_i S_i+\rho_s A_s g \tag{2.39}$$

气相的力学平衡方程为：

$$A_g\left(\frac{\mathrm{d}p}{\mathrm{d}x}\right)=\tau_i S_i+\rho_g A_g g \tag{2.40}$$

将式（2.39）和式（2.40）相加得到界面剪切力 τ_i 的表达式为：

$$\tau_i=\frac{(A_s+A_g)\dfrac{\mathrm{d}p}{\mathrm{d}x}-(\rho_s A_s+\rho_g A_g)\,g}{2S_i} \tag{2.41}$$

根据沿程阻力的概念气相剪切力 τ_g、液相剪切力 τ_s 和气液界面的剪切力 τ_i 可以被定义为：

$$\begin{cases} \tau_g=\dfrac{f_g\,\rho_g\,u_g^2}{2} \\[3mm] \tau_s=\dfrac{f_s\,\rho_s\,u_s^2}{2} \\[3mm] \tau_i=\dfrac{f_i\,\rho_i\,(u_g-u_s)^2}{2} \end{cases} \tag{2.42}$$

式中：f_g，f_s，f_i 分别为气相、液相和气液界面的范宁摩阻系数；ρ_i 为气液混合层密度；气液混合层密度根据杜克勒第二法可以写为：

$$\rho_i=\lambda\rho_s+(1-\lambda)\rho_g \tag{2.43}$$

式中：λ 为气液界面存在滑移时的持液率。

因此，气液滑移速度可以表示为：

$$u_\mathrm{g}-u_\mathrm{s}=\sqrt{\frac{(A_\mathrm{s}+A_\mathrm{g})\dfrac{\mathrm{d}p}{\mathrm{d}x}-(\rho_\mathrm{s}A_\mathrm{s}+\rho_\mathrm{g}A_\mathrm{g})g}{[\lambda\rho_\mathrm{s}+(1-\lambda)\rho_\mathrm{g}]S_\mathrm{i}f_\mathrm{i}}} \tag{2.44}$$

气—液滑移与液—壁滑移相似，在两种不同介质中存在真实的滑移速度。选择复合纳米纤维与空气接触的局部表面进行分析，气—液真实滑移方向示意图如图 2.21 所示。

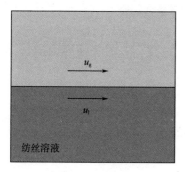

（a）气—液真实滑移的轴向示意图 　　　（b）气—液真实滑移的径向示意图

图 2.21　气—液真实滑移方向示意图

在离心复合纺丝中，当聚合物溶液离开喷嘴时，聚合物溶液和空气之间会有滑移。这里将其简化为分层流动，分层流是指气、液两相分别流动，两相之间没有明显的波浪产生。再结合层流的特点，得到分层流的分相流动的数学模型，气相连续性方程为：

$$\frac{\partial}{\partial t}(\rho_\mathrm{g}A_\mathrm{g})+\frac{\partial}{\partial x}(\rho_\mathrm{g}A_\mathrm{g}u_\mathrm{g})=0 \tag{2.45}$$

液相连续性方程为：

$$\frac{\partial}{\partial t}(\rho_\mathrm{g}A_\mathrm{g}u_\mathrm{g})+\frac{\partial}{\partial x}(\rho_\mathrm{g}A_\mathrm{g}u_\mathrm{g}^{2})-A_\mathrm{g}\frac{\partial p}{\partial x}=-\tau_\mathrm{gi}-\rho_\mathrm{g}gA_\mathrm{g} \tag{2.46}$$

液相动量方程为：

$$\frac{\partial}{\partial t}(\rho_\mathrm{l}A_\mathrm{l}u_\mathrm{l})+\frac{\partial}{\partial x}(\rho_\mathrm{l}A_\mathrm{l}u_\mathrm{l}^{2})-A_\mathrm{l}\frac{\partial p}{\partial x}=-f_\mathrm{lw}-\tau_\mathrm{li}-\rho_\mathrm{l}gA_\mathrm{l} \tag{2.47}$$

方程式（2.46）和式（2.47）相结合，得到气液速度和液面高度的方程为：

$$\rho_\mathrm{l}\frac{\partial u_\mathrm{l}}{\partial t}-\rho_\mathrm{g}\frac{\partial u_\mathrm{g}}{\partial t}+\rho_\mathrm{l}u_\mathrm{l}\frac{\partial u_\mathrm{l}}{\partial x}-\rho_\mathrm{g}u_\mathrm{g}\frac{\partial u_\mathrm{g}}{\partial x}=\tau_\mathrm{gi}\left(\frac{1}{A_\mathrm{l}}+\frac{1}{A_\mathrm{g}}\right)-\frac{f_\mathrm{lw}}{A_\mathrm{l}}-(\rho_\mathrm{l}-\rho_\mathrm{g})g \tag{2.48}$$

在喷嘴喷射的初始阶段，由于纺丝溶液尚未凝固，在纺丝溶液表面的气液两相界面之间会出现一个微小的扰动波 $\hat{h_1}$，气液界面的波动示意图如图 2.22 所示。

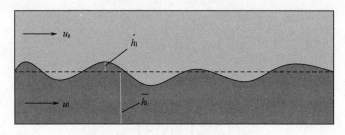

图 2.22　气液界面的波动示意图

液面高度可以表示为：

$$h_1 = \bar{h}_1 + \hat{h}_1 \tag{2.49}$$

当气液两相界面受到扰动时，各相的流速变化可表示为：

$$\begin{cases} u_1 = \bar{u}_1 + \hat{u}_1 \\ u_{\mathrm{g}} = \bar{u}_{\mathrm{g}} + \hat{u}_{\mathrm{g}} \end{cases} \tag{2.50}$$

将方程式（2.50）代入方程式（2.48），得到关于扰动变量的方程：

$$\rho_1 \frac{\partial \hat{u}_1}{\partial t} - \rho_{\mathrm{g}} \frac{\partial \hat{u}_{\mathrm{g}}}{\partial t} + \rho_1 \bar{u}_1 \frac{\partial \hat{u}_1}{\partial x} - \rho_{\mathrm{g}} \bar{u}_{\mathrm{g}} \frac{\partial \hat{u}_{\mathrm{g}}}{\partial x}$$

$$= \tau_{\mathrm{gi}} \left(\frac{1}{A_1} + \frac{1}{A_{\mathrm{g}}} \right) - \frac{f_{\mathrm{lw}}}{A_1} - (\rho_1 - \rho_{\mathrm{g}}) g = F \tag{2.51}$$

将方程式（2.45）和式（2.46）以液面高度的形式表示，改写后得到干扰变量方程：

$$\begin{cases} \dfrac{\partial \hat{h}_1}{\partial t} + \bar{u}_{\mathrm{g}} \dfrac{\partial \hat{h}_1}{\partial x} - \dfrac{A_1}{A_1'} \dfrac{\partial \hat{u}_{\mathrm{g}}}{\partial x} = 0 \\ \dfrac{\partial \hat{h}_1}{\partial t} + \bar{u}_1 \dfrac{\partial \hat{h}_1}{\partial x} + \dfrac{A_1}{A_1'} \dfrac{\partial \hat{u}_1}{\partial x} = 0 \end{cases} \tag{2.52}$$

在对式（2.51）进行推导后，将方程式（2.52）引入关于扰动角频率 ω 的方程中：

$$\omega^2 - 2(ak - bi)\omega + ck^2 - eki = 0 \tag{2.53}$$

该方程的通解为：

$$\omega = r_1 + r_2 i \tag{2.54}$$

将方程式（2.54）代入方程式（2.53）中，并设 $r_2 = 0$，得到气液两相扰动流的临界条件方程：

$$r_1^2 - 2akr_1 + 2br_1i + ck^2 - eki = 0 \tag{2.55}$$

其中：

$$\begin{cases} r_1^2 - 2akr_1 + ck^2 = 0 \\ 2br_1 - ek = 0 \end{cases} \tag{2.56}$$

由式（2.56），临界条件为：

$$\left(\frac{e}{2b} - a\right)^2 - (a^2 - c) = 0 \tag{2.57}$$

对式（2.57）进行变形，可以得到气液两相的实际滑移速度：

$$\frac{\rho_1 \rho_g}{\rho'^2 h_1 \varphi}(u_g - u_1)^2 - \frac{\rho_1 - \rho_g}{\rho'^1} \frac{A}{A'_1} g + (C_1 - C_2)^2 = 0 \tag{2.58}$$

其中：

$$u_g - u_1 = \sqrt{\left[\frac{\rho_1 - \rho_g}{\rho'^1} \frac{A}{A'_1} g - (C_1 - C_2)^2\right] \frac{\rho'^2 h_1 \varphi}{\rho_1 \rho_g}} \tag{2.59}$$

2.9 本章小结

本章主要分析了高速离心复合纺丝微三角区聚合物溶液的三种滑移机理，随着电动机旋转速度的变化，微三角区内的聚合物溶液由静止阶段转变为层流阶段和湍流阶段，最后形成射流。聚合物溶液的射流过程又可以分为四个阶段，分别为初始射流、不稳定射流、稳定射流和极限射流，在每个阶段聚合物溶液在微三角区的受力不同，对聚合物溶液在微三角区内的运动状态进行分析。然后分别建立了微三角区聚合物溶液的三种滑移模型，在微观角度对聚合物溶液的速度进行表达。分析了聚合物溶液在黏附层与过渡层之间的速度差异，并通过引入"滑移长度"的概念更直观地表示聚合物的液—壁滑移，通过对两种聚合物溶液在喷嘴轴线处的受力分析以及两种聚合物在界面处的质量交换得出两相流的滑移速度。最后分析空气中气液界面处气—液两相的滑移速度。

第3章　多场耦合作用下微三角区的阶梯喷射原理

多场耦合作用下微三角区阶梯喷射制备柔性复合纤维可以克服传统制备工艺需加热溶液的问题。复合纺丝溶液在高速离心力场、流场、重力场与温度场等多场耦合作用下，拉伸、变细以及伸长，最终形成复合纤维，在此过程中，复合溶液浓度比、互溶性等因素都会对复合射流稳定性、射流两相变换以及柔性复合纤维滑移运动产生影响。

3.1　多场耦合作用下复合纺丝的工作原理及喷嘴结构

离心复合纺丝装置的结构主要由两个喷嘴、一个溶液储存罐体、若干收集柱、一个收集板和一个电动机组成，示意图如图3.1所示。两个喷嘴通过螺纹与罐体连接形成了喷丝头，并由连接件与电动机轴连接在一起，喷丝头可以随电动机的旋转而旋转。装置工作时，纺丝溶液从罐体中间朝上的注入孔添加到罐体中，溶液在电动机旋转产生的惯性力作用下向喷嘴出口移动。

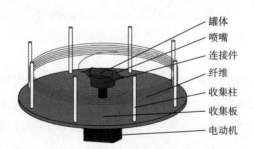

图3.1　离心复合纺丝装置的示意图

复合纺丝溶液喷射过程和纤维成型过程如图3.2所示。图3.2（a）为聚合物纺丝溶液从罐体流到喷嘴管道时的状态；随着电动机转速的提高，溶液在喷嘴孔口处逐渐形成小液锥［图3.2（b）］；当小液锥所受离心力足够大，足以克服溶液的黏性力和表面力时，小液锥会从孔口中喷出并发生颈缩［图3.2（c）］；随后，发生颈缩的液滴继续运动并拉扯后续溶液，从而形成射流［图3.2（d）］；然后射流在空气中继续运动并拉伸变细，由于溶剂的蒸发，射流逐渐凝固定型形成纤维［图3.2（e）］。最后，复合纤维落在收集板以及收集柱上，如图3.1所示，复合纤维层叠在收集柱上。复合纺丝喷丝头是该技术的重要核心，其结构参数直接影响聚合物纺丝溶液的出口速度以及速度分布，进而影响所制备的纳米纤维的质量、性能和形貌。

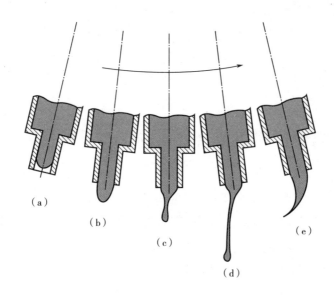

（a）溶液在喷嘴内的流动状态　（b）纺丝溶液出口液滴状态　（c）纺丝溶液颈缩阶段

（d）射流形成阶段　（e）稳定成丝阶段

图3.2　复合纺丝溶液喷射过程和成型过程图

在熔喷纺丝过程中，螺旋杆挤压机不断送入原料所产生的压力使得熔融状态的聚合物材料从喷嘴挤出。此时的熔融聚合物所受压力平行于轴线，直管喷嘴更加适合熔喷纺丝。在静电纺丝方法中，电场力也是平行于喷嘴轴线方向，因此直管喷嘴是较常用的一种喷嘴。而在离心纺丝法中，由于溶液所受到的离心力不仅不完全平行于轴线方向，还有垂直于轴线方向的科氏力存在，而且纺丝溶液在喷嘴出口处呈一定的圆弧状，因此还提出了弯管喷嘴的结构。图3.3为用于高速离心纺丝实验的直管和弯管喷嘴结构示意图。

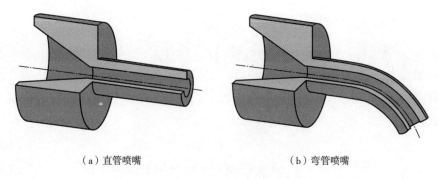

（a）直管喷嘴　　　　　　　　　　（b）弯管喷嘴

图 3.3　直管和弯管喷嘴结构示意图

3.2　微三角区液滴膨胀阶段流体运动方程

3.2.1　流体运动方程及边界条件

微三角区受力分析如图 3.4 所示，在离心纺丝过程中，离心纺丝罐体内部聚合物溶液由喷嘴管出口斜向甩出，微三角区形态液滴逐渐发展成为初始稳定连续射流的过程中，溶液运动时受到的体力和面力作用力有离心力 F_c、科氏力 F_k、重力 F_g、黏滞力 F_τ、压力 F_p。

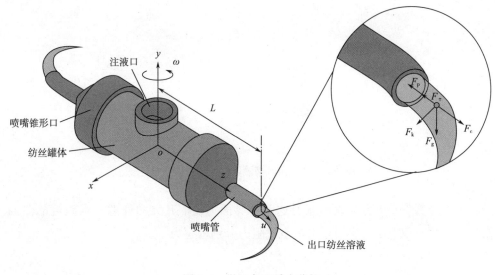

图 3.4　微三角区受力分析

则合力运动合力 F 可以表示为：

$$\sum \vec{F} = \vec{F_c} + \vec{F_k} + \vec{F_g} + \vec{F_\tau} + \vec{F_p} \tag{3.1}$$

则根据上一章的内容，应用牛顿第二定律将射流微元体受到的科氏力、离心力、黏滞力、空气阻力以及表面张力代入上式，微三角区的连续方程与控制方程分别描述为：

$$\nabla \cdot \vec{U} = 0 \tag{3.2}$$

$$\vec{U} \cdot \nabla \vec{U} = -\nabla p + \nabla \cdot T - \rho w \times [w \times (\vec{r} + \vec{L})] - 2\rho w \times \vec{U} - \rho \vec{g} \tag{3.3}$$

式中：L 为喷丝结构总体旋转长度；ρ 为纺丝溶液密度；w 为旋转速度；U 为溶液在微三角区流速；p 为溶液内部压力；T 为溶液偏应力张量。

界面力有空气阻力 F_f 以及溶液表面张力 F_s。微三角区在体力和面力的作用下运动状态不断发生改变。在界面力作用下其外轮廓也经历了初始液滴、膨胀、颈缩、初始射流四个过程的改变，最终球状液滴形态被迅速拉伸形成细长的连续初始射流。微三角区液滴膨胀阶段受力分析如图3.5所示，在初始液滴膨胀阶段，由于溶液纺丝溶液相对空气流速较小，故此时主要考虑表面张力与压力、离心力、科氏力等在溶液表面任意位置的受力平衡对喷嘴出口处微三角区液滴形态的影响。在形成初始连续射流后，由于纺丝溶液被迅速拉伸成长条形，空气摩擦阻力对射流界面波动以及射流整体不稳定波动有着影响，则需要考虑空气阻力与表面张力的作用对初始射流运动以及形态的影响。

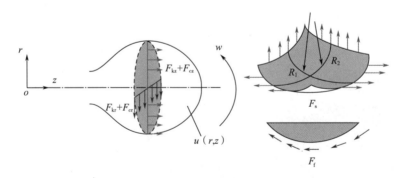

图3.5　微三角区液滴膨胀阶段受力分析

为了计算空气阻力与表面张力这两种界面力，取其界面任意一点附近的曲面微元，单位面积上所受表面张力与空气阻力分别可写为：

$$\vec{F_f} = \rho_a C_D u^2 \vec{t} \tag{3.4}$$

$$\vec{F}_{s} = \sigma\left(\frac{1}{R_1} + \frac{1}{R_2}\right)\vec{n} \tag{3.5}$$

式中：ρ_a 为周围空气密度；C_D 为阻力系数，其大小与雷诺数以及迎风面积有关；u 为空气与纺丝溶液的相对速度，当假设周围空气静止时可看作纺丝溶液流速，气液界面上任意一点处的二维曲率为 R_1 和 R_2，聚合物溶液表面张力系数为 σ；n 为微三角区自由面的单位外法线向量；t 为自由面的单位切向量。

根据界面正应力与切应力平衡条件，我们可以得到：

$$\vec{n} \cdot (\boldsymbol{T} - p\boldsymbol{I}) \cdot \vec{n} = \sigma\left(\frac{1}{R_1} + \frac{1}{R_2}\right) \tag{3.6}$$

$$\vec{t} \cdot (\boldsymbol{T} - p\boldsymbol{I}) \cdot \vec{n} = \rho_a C_D u^2 \tag{3.7}$$

式中：$\boldsymbol{T}$ 为偏应力张量；p 为界面内外两侧压强差，假设外侧为标准大气压，则此时 p 为纺丝溶液内部压强差；$\boldsymbol{I}$ 为单位张量。

3.2.2　复合纺丝溶液挤出滴落过程

微三角区形态变化过程如图 3.6 所示，根据液滴形态将微三角区成型过程分为两个阶段：球形液滴成型阶段、初始射流成型阶段。在球形液滴成型阶段，由于表面张力存在，流体在喷嘴口形成球形液滴并逐渐增大到临界体积，临界体积表面张力与离心力平衡。考虑到离心纺在高速旋转下甩出溶液，液滴拉伸流动进一步发展，球形液滴在离心力作用下拉伸变长，突破临界平衡状态导致颈缩现象，在出口处形成稳定初始射流，锥顶喷嘴口溶液不断流出并在空气中不断拉伸凝固形成连续纳米纤维。

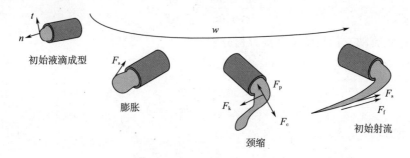

图 3.6　微三角区形态变化过程

3.2.3　微三角区液滴流场建模

假设微三角区流场为定常轴对称无旋流动，忽略重力的作用，微三角区球形液滴流场模型如图 3.7 所示，为了更方便地对球形液滴阶段形态以及流场变化进行建模和求解，建立固结于喷嘴出口处的非惯性直角坐标系 *orz*。由于微三角区初始溶液缓慢挤出阶段受到的科氏力作用较小，可认为此时科氏力克服界面张力作用将喷嘴管内部溶液甩出。

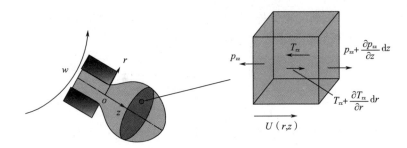

图 3.7　微三角区球形液滴流场模型

在液滴内部流场流速 $U=U(v,w,u)$，其流场特征为：

$$v=v(r,z),\ w=0,\ u=u(r,z) \tag{3.8}$$

根据流场特征，偏应力张量 T 可写为：

$$T=\begin{bmatrix} T_{rr} & 0 & T_{rz} \\ 0 & T_{\theta\theta} & 0 \\ T_{zr} & 0 & T_{zz} \end{bmatrix} \tag{3.9}$$

液滴内部压强 $p=-p(r,z)$，压力梯度可写为：

$$-\frac{\partial p}{\partial r}=-\frac{\partial p}{\partial z}\neq 0,\ \frac{\partial p}{\partial \theta}=0 \tag{3.10}$$

将连续流动方程与动量平衡方程分别分解为：
连续方程：

$$\frac{1}{r}\frac{\partial}{\partial r}(rv)+\frac{\partial u}{\partial z}=0 \tag{3.11}$$

动量方程：

$$\frac{\partial v}{\partial t}+v\frac{\partial v}{\partial r}+u\frac{\partial v}{\partial z}=\frac{1}{\rho}\left(-\frac{\partial p}{\partial r}+\frac{\partial T_{rr}}{\partial r}+\frac{\partial T_{rz}}{\partial z}+\frac{T_{rr}-T_{\theta\theta}}{r}\right)+w^2 r-2wu \tag{3.12}$$

$$\frac{\partial u}{\partial t}+u\frac{\partial u}{\partial z}=\frac{1}{\rho}\left(-\frac{\partial p}{\partial z}+\frac{\partial T_{zz}}{\partial z}+\frac{\partial T_{rz}}{\partial r}+\frac{T_{rz}}{r}\right)+w^2(L+z)-2wv \tag{3.13}$$

变形率张量 T 可写为：

$$T = \eta \begin{bmatrix} 2\dfrac{\partial v}{\partial r} & 0 & \dfrac{\partial v}{\partial z} + \dfrac{\partial u}{\partial r} \\[2ex] 0 & -2\left(\dfrac{\partial v}{\partial r} + \dfrac{\partial u}{\partial z}\right) & 0 \\[2ex] \dfrac{\partial v}{\partial z} + \dfrac{\partial u}{\partial r} & 0 & 2\dfrac{\partial u}{\partial z} \end{bmatrix} \tag{3.14}$$

视液滴内部流场运动为定常，将上式代入动量方程可写为：

$$v\frac{\partial v}{\partial r} + u\frac{\partial v}{\partial z} = -\frac{1}{\rho}\frac{\partial p}{\partial r} + \frac{1}{\rho}\frac{\partial}{\partial r}\left(2\eta\frac{\partial v}{\partial r}\right) + \frac{2\eta}{\rho r}\left(2\frac{\partial v}{\partial r} + \frac{\partial u}{\partial z}\right) +$$
$$\frac{1}{\rho}\frac{\partial}{\partial z}\left[\eta\left(\frac{\partial v}{\partial z} + \frac{\partial u}{\partial r}\right)\right] + w^2 r - 2wu \tag{3.15}$$

$$v\frac{\partial u}{\partial r} + u\frac{\partial u}{\partial z} = -\frac{1}{\rho}\frac{\partial p}{\partial z} + \frac{1}{\rho}\frac{\partial}{\partial z}\left(2\eta\frac{\partial u}{\partial z}\right) + \frac{1}{\rho r}\left[\eta\left(\frac{\partial v}{\partial z} + \frac{\partial u}{\partial r}\right)\right] +$$
$$\frac{1}{\rho}\frac{\partial}{\partial r}\left[\eta\left(\frac{\partial v}{\partial z} + \frac{\partial u}{\partial r}\right)\right] + w^2(L+z) - 2wv \tag{3.16}$$

结合幂律流体本构方程，流体黏度可写为：

$$\eta = k\left[4\left(\frac{\partial v}{\partial r}\right)^2 + 4\left(\frac{\partial u}{\partial z}\right)^2 + 4\frac{\partial v}{\partial r}\frac{\partial u}{\partial z} + \left(\frac{\partial v}{\partial z} + \frac{\partial u}{\partial r}\right)^2\right]^{\frac{n-1}{2}} \tag{3.17}$$

式中：η 为幂律流体溶液黏度；k 和 n 为流变指数。

代入动量方程后整理得：

$$v\frac{\partial v}{\partial r} + u\frac{\partial v}{\partial z} = -\frac{1}{\rho}\frac{\partial p}{\partial r} + \frac{1}{\rho}\frac{\partial}{\partial r}\left[2k\left(4\left(\frac{\partial v}{\partial r}\right)^2 + 4\left(\frac{\partial u}{\partial z}\right)^2 + 4\frac{\partial v}{\partial r}\frac{\partial u}{\partial z} + \left(\frac{\partial v}{\partial z} + \frac{\partial u}{\partial r}\right)^2\right)^{\frac{n-1}{2}}\frac{\partial v}{\partial r}\right] +$$
$$\frac{2k}{\rho r}\left(4\left(\frac{\partial v}{\partial r}\right)^2 + 4\left(\frac{\partial u}{\partial z}\right)^2 + 4\frac{\partial v}{\partial r}\frac{\partial u}{\partial z} + \left(\frac{\partial v}{\partial z} + \frac{\partial u}{\partial r}\right)^2\right)^{\frac{n-1}{2}}\left(2\frac{\partial v}{\partial r} + \frac{\partial u}{\partial z}\right) +$$
$$\frac{1}{\rho}\frac{\partial}{\partial z}\left[k\left(4\left(\frac{\partial v}{\partial r}\right)^2 + 4\left(\frac{\partial u}{\partial z}\right)^2 + 4\frac{\partial v}{\partial r}\frac{\partial u}{\partial z} + \left(\frac{\partial v}{\partial z} + \frac{\partial u}{\partial r}\right)^2\right)^{\frac{n-1}{2}}\left(\frac{\partial v}{\partial z} + \frac{\partial u}{\partial r}\right)\right] +$$
$$w^2 r - 2wu \tag{3.18}$$

$$v\frac{\partial u}{\partial r} + u\frac{\partial u}{\partial z} = -\frac{1}{\rho}\frac{\partial p}{\partial z} + \frac{1}{\rho}\frac{\partial}{\partial z}\left(2k\left(4\left(\frac{\partial v}{\partial r}\right)^2 + 4\left(\frac{\partial u}{\partial z}\right)^2 + 4\frac{\partial v}{\partial r}\frac{\partial u}{\partial z} + \left(\frac{\partial v}{\partial z} + \frac{\partial u}{\partial r}\right)^2\right)^{\frac{n-1}{2}}\frac{\partial u}{\partial z}\right) +$$
$$\frac{k}{\rho r}\left[\left(4\left(\frac{\partial v}{\partial r}\right)^2 + 4\left(\frac{\partial u}{\partial z}\right)^2 + 4\frac{\partial v}{\partial r}\frac{\partial u}{\partial z} + \left(\frac{\partial v}{\partial z} + \frac{\partial u}{\partial r}\right)^2\right)^{\frac{n-1}{2}}\left(\frac{\partial v}{\partial z} + \frac{\partial u}{\partial r}\right)\right] +$$
$$\frac{1}{\rho}\frac{\partial}{\partial r}\left[k\left(4\left(\frac{\partial v}{\partial r}\right)^2 + 4\left(\frac{\partial u}{\partial z}\right)^2 + 4\frac{\partial v}{\partial r}\frac{\partial u}{\partial z} + \left(\frac{\partial v}{\partial z} + \frac{\partial u}{\partial r}\right)^2\right)^{\frac{n-1}{2}}\left(\frac{\partial v}{\partial z} + \frac{\partial u}{\partial r}\right)\right] +$$

$$w^2(L+z)-2wv \tag{3.19}$$

3.3 初始射流拉伸运动

初始射流拉伸模型如图 3.8 所示，为了更好地对射流内部流场及其中心轨迹运动进行描述，在射流任意截面建立正交曲线圆柱坐标系 (n，θ，s)，设矢量 $\boldsymbol{e}_s$ 为射流中心轴线轨迹 $s=s$ (r，t) 上任意点切向量，矢量 $\boldsymbol{e}_n$ 位于该点射流截面上且 $\boldsymbol{e}_s$ 始终保持垂直。

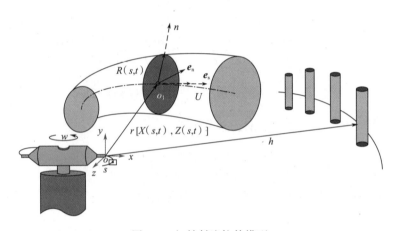

图 3.8　初始射流拉伸模型

为了更方便地求解微三角区射流阶段运动，由于空气流场的存在，微三角区溶液还受到方向相反的空气浮力，因此可以忽略重力造成的纤维在 y 轴方向上的下降运动，将其运动简化为二维平面，射流中轴线轨迹函数可用 $s=$ [r (x，z)，t] 表示。其射流内部流速分布 $U=U$ (v，w，u) 为：

$$v=v(n,s)，w=0，u=u(s) \tag{3.20}$$

式中：两正交向量 $\boldsymbol{e}_s$ 与 $\boldsymbol{e}_n$ 分别为：

$$\vec{e}_s=\frac{\partial x}{\partial s}\vec{i}+\frac{\partial z}{\partial s}\vec{k} \tag{3.21}$$

$$\vec{e}_n=\cos\theta\frac{\partial z}{\partial s}\vec{i}+\sin\theta\vec{j}-\cos\theta\frac{\partial x}{\partial s}\vec{k} \tag{3.22}$$

射流任意一点的位置矢量 $\boldsymbol{r}$ (s，n) 可表示为：

$$\vec{r}=\int_0^s\vec{e}_s\mathrm{d}s+n\vec{e}_n=\left(x+\cos\theta n\frac{\partial z}{\partial s}\right)\vec{i}+n\sin\theta\vec{j}+\left(z-\cos\theta n\frac{\partial x}{\partial s}\right)\vec{k} \tag{3.23}$$

根据在正交曲线坐标系中位置矢量变化 dr 的定义：

$$\mathrm{d}\vec{r} = \frac{\partial \vec{r}}{\partial n}\mathrm{d}n + \frac{\partial \vec{r}}{\partial s}\mathrm{d}s + \frac{\partial \vec{r}}{\partial \theta}\mathrm{d}\theta \tag{3.24}$$

对上式每一因子取模，则 dr 可写为单位矢量 e_s 和 e_n 的形式：

$$\mathrm{d}\vec{r} = \left|\frac{\partial \vec{r}}{\partial n}\right|\vec{e}_n\mathrm{d}n + \left|\frac{\partial \vec{r}}{\partial s}\right|\vec{e}_s\mathrm{d}s + \left|\frac{\partial \vec{r}}{\partial \theta}\right|\vec{e}_\theta\mathrm{d}\theta = h_n\vec{e}_n\mathrm{d}n + h_s\vec{e}_s\mathrm{d}s + h_\theta\vec{e}_\theta\mathrm{d}\theta \tag{3.25}$$

式中，h_n 和 h_s 叫作拉梅系数，将式代入分别可求各方向拉梅系数为：

$$h_n = \left|\frac{\partial \vec{r}}{\partial n}\right| = \sqrt{\left(\frac{\partial z}{\partial s}\right)^2 + \left(\frac{\partial x}{\partial s}\right)^2} = 1 \tag{3.26}$$

$$h_s = \left|\frac{\partial \vec{r}}{\partial s}\right| = \sqrt{\left(\frac{\partial x}{\partial s} + n\frac{\partial^2 z}{\partial s^2}\right)^2 + \left(\frac{\partial z}{\partial s} - n\frac{\partial^2 x}{\partial s^2}\right)^2} = 1 + \cos\theta n\left(\frac{\partial^2 z}{\partial s^2}\frac{\partial x}{\partial s} - \frac{\partial^2 x}{\partial s^2}\frac{\partial z}{\partial s}\right) \tag{3.27}$$

$$h_\theta = \left|\frac{\partial \vec{r}}{\partial \theta}\right| = \sqrt{\left(-\sin\theta^2\frac{\partial z}{\partial s}\right)^2 + (\cos\theta n)^2 + \left(\sin\frac{\partial x}{\partial s}\right)^2} = n \tag{3.28}$$

假设射流内部流速沿截面上均匀分布，则可将射流流场简化到 xoz 平面，即取 $\theta = 0$，则 h_s 可写为：

$$h_s = 1 + n\left(\frac{\partial^2 z}{\partial s^2}\frac{\partial x}{\partial s} - \frac{\partial^2 x}{\partial s^2}\frac{\partial z}{\partial s}\right) \tag{3.29}$$

根据流场特征偏应力张量 T 可写为：

$$T = \begin{bmatrix} T_{nn} & 0 & T_{ns} \\ 0 & T_{\theta\theta} & 0 \\ T_{sn} & 0 & T_{ss} \end{bmatrix} \tag{3.30}$$

则微三角区初始射流阶段的连续方程可写为：

$$h_s\frac{\partial}{\partial n}(nv) + \frac{\partial h_s}{\partial n}nv + n\frac{\partial u}{\partial s} = 0 \tag{3.31}$$

射流动量方程可写为：

$$v\frac{\partial v}{\partial n} + \frac{u}{h_s}\frac{\partial v}{\partial s} - \frac{u^2}{h_s}\frac{\partial h_s}{\partial n} = -\frac{1}{\rho}\frac{\partial p}{\partial n} + \frac{1}{\rho}\left[\frac{\partial T_{nn}}{\partial n} + \frac{1}{h_s}\frac{\partial T_{ns}}{\partial s} + \frac{(T_{nn} - T_{\theta\theta})}{n} + \frac{\partial h_s}{\partial n}\frac{(T_{nn} - T_{ss})}{h_s}\right]$$

$$+ w^2\left((L+x)\frac{\partial z}{\partial s} - z\frac{\partial x}{\partial s}\right) - 2wu \tag{3.32}$$

$$\frac{u}{h_s}\frac{\partial u}{\partial s} + \frac{vu}{h_s}\frac{\partial h_s}{\partial n} = -\frac{1}{\rho h_s}\frac{\partial p}{\partial s} + \frac{1}{\rho}\left[\frac{\partial T_{ns}}{\partial s} + \frac{1}{h_s}\frac{\partial T_{ss}}{\partial s} + \frac{T_{ns}}{n} + 2\frac{\partial h_s}{\partial n}\frac{T_{ns}}{h_s}\right]$$

$$+w^2\left[(L+x)\frac{\partial x}{\partial s}+z\frac{\partial z}{\partial s}\right]-2wv \tag{3.33}$$

根据定义可知:

$$T_{nn}=2\eta\,\frac{\partial v}{\partial n} \tag{3.34}$$

$$T_{ss}=2\eta\left[\frac{1}{h_s}\,\frac{\partial u}{\partial s}+\frac{v}{h_s}\,\frac{\partial h_s}{\partial n}\right] \tag{3.35}$$

$$T_{ns}=\eta\left[\frac{1}{h_s}\,\frac{\partial v}{\partial s}+\frac{u}{h_s}\,\frac{\partial h_s}{\partial n}\right] \tag{3.36}$$

代入上式(3.32)可得:

$$v\frac{\partial v}{\partial n}+\frac{u}{h_s}\frac{\partial v}{\partial s}-\frac{u^2}{h_s}\frac{\partial h_s}{\partial n}=-\frac{1}{\rho}\frac{\partial p}{\partial n}+\frac{1}{\rho}\frac{\partial}{\partial n}\left(2\eta\frac{\partial v}{\partial n}\right)+\frac{1}{\rho}\frac{1}{h_s}\frac{\partial}{\partial s}\left[\eta\left(\frac{1}{h_s}\frac{\partial v}{\partial s}+\frac{u}{h_s}\frac{\partial h_s}{\partial n}\right)\right]$$

$$+\frac{1}{\rho}\frac{1}{n}\left(2\eta\frac{\partial v}{\partial n}-T_{\theta\theta}\right)+\frac{1}{\rho}\frac{\partial h_s}{\partial n}\frac{2\eta}{h_s}\left(\frac{\partial v}{\partial n}-\frac{1}{h_s}\frac{\partial u}{\partial s}-\frac{v}{h_s}\frac{\partial h_s}{\partial n}\right)$$

$$+w^2\left[(L+x)\frac{\partial z}{\partial s}-z\frac{\partial x}{\partial s}\right]-2wu \tag{3.37}$$

$$\frac{u}{h_s}\frac{\partial u}{\partial s}+\frac{vu}{h_s}\frac{\partial h_s}{\partial n}=-\frac{1}{\rho h_s}\frac{\partial p}{\partial s}+\frac{1}{\rho}\frac{\partial}{\partial s}\left[\eta\left(\frac{1}{h_s}\frac{\partial v}{\partial s}+\frac{u}{h_s}\frac{\partial h_s}{\partial n}\right)\right]+\frac{1}{\rho}\frac{1}{h_s}\frac{\partial}{\partial s}\left[2\eta\left(\frac{1}{h_s}\frac{\partial u}{\partial s}+\frac{v}{h_s}\frac{\partial h_s}{\partial n}\right)\right]$$

$$+\frac{1}{\rho}\frac{\eta}{n}\left(\frac{1}{h_s}\frac{\partial v}{\partial s}+\frac{u}{h_s}\frac{\partial h_s}{\partial n}\right)+\frac{1}{\rho}2\frac{\partial h_s}{\partial n}\frac{\eta}{h_s}\left(\frac{1}{h_s}\frac{\partial v}{\partial s}+\frac{u}{h_s}\frac{\partial h_s}{\partial n}\right)$$

$$+w^2\left[(L+x)\frac{\partial x}{\partial s}+z\frac{\partial z}{\partial s}\right]-2wv \tag{3.38}$$

本研究将细长体理论应用于离心旋转的黏性射流研究,做了一个标准的细长体假设:在射流由 0 拉伸到距离收集柱 h 时,射流半径 R 随射流轨迹 s 变化,长径比 R/s<<1,射流轨迹任意位置的应力在射流横截面上均匀分布。同法向应力相比剪切应力可忽略,因此,可以简化射流的非均匀拉伸为均匀的单轴拉伸,所有变量只取决于轨迹的位置 s,并忽略射流轨迹 s 任意位置矢量 r 径向微小分量。即:

$$\frac{\partial v}{\partial s}=0,\ h_s=1 \tag{3.39}$$

则连续方程可写为:

$$\frac{\partial}{\partial n}(nv)+n\frac{\partial u}{\partial s}=0 \tag{3.40}$$

根据连续方程和在 r=0 处 U 有界的条件,可以推出:

$$v = -\frac{1}{2}n\frac{\partial u}{\partial s} \tag{3.41}$$

则流速分量 v 的偏导数可推导出：

$$\frac{\partial v}{\partial n} = -\frac{1}{2}\frac{\partial u}{\partial s} \tag{3.42}$$

则变形率张量 $\boldsymbol{T}$ 可以写为：

$$\boldsymbol{T} = \eta \begin{bmatrix} -\dfrac{\mathrm{d}u}{\mathrm{d}s} & 0 & 0 \\[3mm] 0 & -\dfrac{\mathrm{d}u}{\mathrm{d}s} & 0 \\[3mm] 0 & 0 & 2\dfrac{\mathrm{d}u}{\mathrm{d}s} \end{bmatrix} \tag{3.43}$$

动量方程可化简为：

$$v\frac{\partial v}{\partial n} = w^2\left[(L+x)\frac{\partial z}{\partial s} - z\frac{\partial x}{\partial s}\right] - 2wu \tag{3.44}$$

$$u\frac{\partial u}{\partial s} = \frac{1}{\rho}\frac{\partial}{\partial s}(-p+T_{ss}) + w^2\left[(L+x)\frac{\partial x}{\partial s} + z\frac{\partial z}{\partial s}\right] - 2wv \tag{3.45}$$

此时，结合幂律流体本构方程，流体黏度可写为：

$$\eta = \sqrt{3}\,k\left(\frac{\mathrm{d}u}{\mathrm{d}s}\right)^{n-1} \tag{3.46}$$

且法向应力张量之间的关系可写为：

$$T_{ss} - T_{nn} = 3\eta\frac{\partial u}{\partial s} \tag{3.47}$$

假设射流形状为一标准收缩圆锥面，其任意圆形截面半径 R 沿轨迹 s 逐渐减小，并在距离喷嘴出口 L 处被收集，射流的自由面由 $R = R(s, t)$ 表示。在自由面 $R = R(s)$ 上，单位外法向向量用 n 表示，它的径向分量 n_n 和轴向分量 n_s 分别可写为：

$$n_n = \frac{1}{\left[1+\dfrac{1}{h_s^2}\left(\dfrac{\mathrm{d}R}{\mathrm{d}s}\right)^2\right]^{\frac{1}{2}}}\text{和}\ n_s = \frac{\dfrac{1}{h_s}\dfrac{\mathrm{d}R}{\mathrm{d}s}}{\left[1+\dfrac{1}{h_s^2}\left(\dfrac{\mathrm{d}R}{\mathrm{d}s}\right)^2\right]^{\frac{1}{2}}} \tag{3.48}$$

如果忽略空气阻力的作用，仅考虑射流溶液表面张力的作用，则射流轴向 s 应力为零，径向分量 n 的表面张力平衡，边界条件可写为：

$$-P+T_{nn}=-\frac{\sigma}{R}, \quad (n=R) \tag{3.49}$$

将自由表面张力边界条件以及本构方程代入动量方程可得：

$$\frac{R}{4}\left(\frac{\partial u}{\partial s}\right)^2=w^2\left[(L+x)\frac{\partial z}{\partial s}-z\frac{\partial x}{\partial s}\right]-2wu \tag{3.50}$$

$$u\frac{\partial u}{\partial s}=\frac{1}{\rho}\frac{\partial}{\partial s}\left[3\sqrt{3}\,k\left(\frac{\partial u}{\partial s}\right)^n-\frac{\sigma}{R}\right]+w^2\left[(L+x)\frac{\partial x}{\partial s}+z\frac{\partial z}{\partial s}\right]+wR\frac{\partial u}{\partial s} \tag{3.51}$$

积分连续方程可得：

$$\frac{1}{2}\frac{\partial u}{\partial s}R+u\frac{\partial R}{\partial s}=0 \tag{3.52}$$

弧长条件为：

$$\frac{\partial x}{\partial s}+\frac{\partial z}{\partial s}=1 \tag{3.53}$$

3.4 复合纺丝喷嘴内复合纺丝溶液的运动规律

在旋转运动系统中，总会存在一个现象，即物体会发生路径的偏移。旋转系统中物体偏移现象如图 3.9 所示，在一个以恒定转速 w 运动的圆盘中心 O 有一小球以初速度 V 在圆盘上向圆盘边缘运动。当圆盘静止时，小球会沿直线 OA 运动到 A 点，而在旋转圆盘系统中，站在圆盘中心随圆盘一起旋转，此时发现小球运动会偏移直线 OA，偏向与旋转速度相反的一侧，当 A 点转到 A' 点时，小球在圆盘上留下一个曲线运动轨迹，达到 B 点。这里将使小球发生曲线轨迹运动的力称为科氏力。在高速离心纺丝过程中，同样是旋转运动系统，因此复合纺丝溶液同样会出现此类现象。

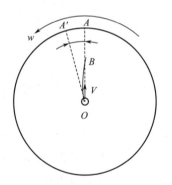

图 3.9 旋转系统中物体偏移现象

在非极惯性坐标系下，纺丝溶液在喷嘴内主要受到离心力 F_{cen}、科氏力 F_c、黏滞力 F_v 以及溶液间的作用力 F 的作用，喷嘴内纺丝溶液受力如图 3.10（a）所示，其中离心力和科氏力均为纺丝喷嘴旋转所产生的惯性力。

由于科氏力的存在，与非工作状态流动相比，喷丝头中的溶液流动发生了变化。图 3.10（b）展现了喷丝头中溶液的流动变化，其中 A 为非工作状态下的最大

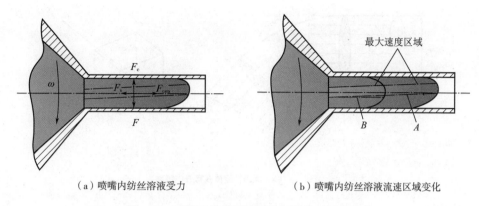

（a）喷嘴内纺丝溶液受力　　　　　　　（b）喷嘴内纺丝溶液流速区域变化

图 3.10　喷嘴内纺丝溶液受力与流速区域变化

溶液流速区域，而在工作状态下，最大流速区域转化为 B。由此可知，最大溶液流速区域具有与转速相反方向的运动趋势，因此，当溶液从喷丝头出口喷射出时，对称轴一侧的溶液流量比另一边快，导致形成的纤维质量分布不均匀，甚至导致金属纤维生产中纤维应力分布不均匀的问题。纺丝溶液的流速不均匀，也影响了纳米纤维的表面质量。

　　而产生此种情况的原因是纺丝溶液在流经管道时，溶液除了有沿轴向的主流运动外还存在从管轴心流向管壁的运动，这一现象被称为"二次流"。

　　二次流是指由主流流动时存在着另一种与主流方向不同的流动。在黏性流体的管流中，二次流现象往往出现管道转弯处，且呈现为双对称旋流。如图 3.11 所示的圆管弯头，对于无黏性流体而言，当流体流入管道转弯处时，此时的流体流动会发生弯曲（即流体的流线发生弯曲）。流体流过弯曲处会受离心力的作用，使得弯道外侧处的流体具有更高的压力，形成由弯道外侧沿流线曲率中心方向，即 CBA 方向的顺压梯度。

　　无黏性流体在弯管内流动如图 3.11（a）所示，作用在无黏性流体微团上的压力增量产生向心力 F_{nC} 与微团上的离心力 F_{cenC} 达到平衡即：

$$F_{nC} = F_{cenC} \tag{3.54}$$

　　式中：F_{nC} 可以表示为：

$$F_{nC} = (P_C - P_B)\,\mathrm{d}x\mathrm{d}z \tag{3.55}$$

　　而黏性流体左弯管内流动如图 3.11（b）所示，由于黏性流体在管道中流动时受到黏滞力的作用，且壁面不光滑，因此在靠近壁面处速度比较小。在弯道管壁附近，由于阻力使得流体速度降低，从而使得在此处的流体所受离心力减小，因

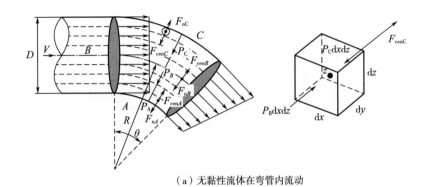

（a）无黏性流体在弯管内流动

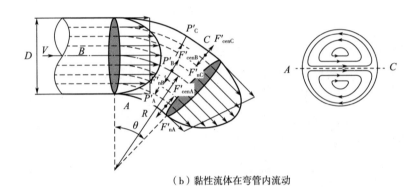

（b）黏性流体在弯管内流动

图 3.11 无黏性、黏性流体在弯管内流动

而使 A、C 两点附近的管壁压力均较理想流体的压力值有所减少，但外侧较内侧减少得更多。而在管道中心轴线区域的大部分范围，此时的纺丝溶液的速度与理想流体流动中心区域的速度接近，因此在此处的纺丝溶液产生的压力也是接近的。由于外侧的压力减小更多，形成了从 B 点到 C 点的压力梯度，因而使得中心区域的流体产生一个沿着 B-C 压力梯度的侧向流动。弯道外侧的流体增多，从而又形成了管道上下壁面附近的流体被迫沿管壁从外侧向内侧地流动，并流向管道内部，从而形成了如图 3.11（b）所示的两个旋转方向相反的双旋涡，即迪恩（Dean）涡。

在弯管中，因为溶液流过弯管时会产生一个向外的离心力，而向内由压力差产生的向心力无法与离心力平衡，从而出现了一个与主流速度垂直的力，导致溶液速度向外偏移，因此会存在二次流现象。而在直管喷嘴中，由于旋转而产生的科氏力正好起到与弯管中离心力相同的作用，因此二次流原理同样适用于旋转直管内流动的溶液。

如图 3.12 所示，与旋转方向同侧壁面记为 A，另一侧记为 C，管道轴线区域记为 B。直管喷嘴中的溶液主要受到离心力 F_{cen}、黏滞力 F_v、科氏力 F_c 以及压力 F 等力的作用。其中科氏力可以表示为：

$$\vec{F_c} = -2m\vec{V} \times \vec{\omega} \tag{3.56}$$

式中：$\vec{V}$ 为主流速度矢量，其大小为 $|\vec{V}| = m\omega^2 l$；l 为该点距离旋转轴的距离；$\vec{\omega}$ 为旋转角速度的方向矢量；负号表示科氏力 F_c 的方向与旋转速度方向相反，其大小可以表示为：

$$|\vec{F_c}| = 2m|\vec{V}| \cdot |\vec{\omega}| \sin\theta \tag{3.57}$$

如图 3.12 所示，在管道内溶液任意取 a、b 两点，a 点为靠近旋转轴的一点，b 点为远离旋转轴的一点。对两点分别进行受力分析，由于在远离旋转轴线的截面处的速度大于靠近旋转轴线截面处的速度，因此 b 点的科氏力大于 a 点的科氏力，这就说明随着远离旋转轴的距离增大，溶液发生偏移的现象越明显。

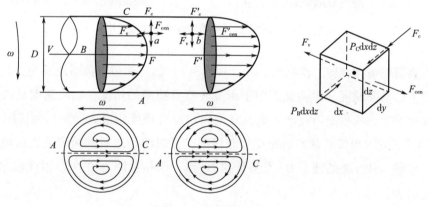

图 3.12　直管内溶液流动

3.4.1　直管喷嘴内复合纺丝溶液的流动状态

在柔性复合纺丝数值仿真分析中，聚合物纺丝溶液流动速度存在明显的速度偏移现象。在直管喷嘴内，纺丝溶液的最大流动速度区域并不在管道中心线上，而是偏向与纺丝罐体旋转速度相反方向的一侧。然而在弯管喷嘴流道内，纺丝溶液的最大流动速度区域并不一定在管道中心线上，而是随着出口的弯曲角度的增加逐渐从与纺丝罐体旋转速度相反方向的一侧移动到另一侧。通过对比未旋转直管喷嘴与旋转直管喷嘴的纺丝溶液轴向速度分布以及出口截面的速度分布，可以明显发现在未旋转直管喷嘴纺丝溶液轴向速度分布云图［图 3.13（a）］中，纺丝溶液的最大速度区域一直保持在管道轴线上且速度大小从收缩口到喷嘴出口基本保持不变，最大出口速度区域也集中在出口圆截面的中心，如图 3.13（b）所示。

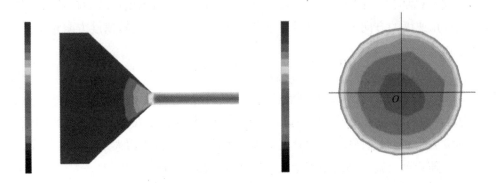

（a）未旋转喷嘴纺丝溶液轴向速度分布云图　　　　（b）未旋转喷嘴纺丝溶液出口速度分布云图

图 3.13　未旋转直管喷嘴纺丝溶液速度云图

而直管喷嘴在旋转工作状态下时，从图 3.14（a）中可以清晰地发现，此时的纺丝溶液的轴向速度分布明显不同于未旋转直管喷嘴的情况，轴向速度最大区域从喷嘴收缩口到喷嘴出口逐渐增大，且偏向与旋转速度相反方向的一侧。图 3.14（b）给出了此时出口圆截面的速度分布情况，可以清楚地看到速度最大区域明显发生了偏移，从原来的圆心 O_1 点偏移到 O_2 点，偏移量即为 O_1O_2。因此偏移率 α 可以定义为：

$$\alpha = \frac{O_1O_2}{D_{out}}$$
(3.58)

式中：D_{out} 为纺丝喷嘴出口圆截面直径；α 为纺丝溶液最大速度区域中心点 O_2 与出口圆截面圆心 O_1 在水平面上的偏移程度。α 越小说明纺丝溶液最大速度区域越集中在喷嘴管道中心线上，反之则越偏移中心线。

通过对未旋转的直管喷嘴施加一个旋转运动，可以清楚地发现纺丝溶液最大速度区域不仅发生了偏移现象，而且速度大小也没有保持稳定而是逐渐增加，越靠近出口速度越大，说明这种速度上的变化是由喷嘴的旋转运动造成的。

旋转直管喷嘴出口速度云图及二次流迪恩涡如图 3.15 所示，通过增加电动机转速到 5000r/min，直管出口处溶液速度偏移的程度变大，且出现了两个对称的二

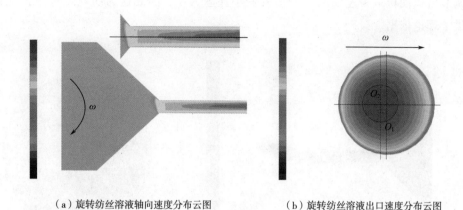

（a）旋转纺丝溶液轴向速度分布云图　　　　　　（b）旋转纺丝溶液出口速度分布云图

图 3.14　旋转直管喷嘴纺丝溶液速度云图

次流迪恩涡。溶液速度偏移的方向与电动机旋转方向相反。

图 3.15　旋转直管喷嘴出口速度云图及二次流迪恩涡

3.4.2　弯管喷嘴内复合纺丝溶液的流动状态

同样，通过对比图 3.16 所示的未旋转弯管喷嘴与图 3.17 所示的旋转弯管喷嘴纺丝溶液轴向速度分布以及出口截面的速度分布，可以清晰地发现，无论在纺丝喷嘴是否旋转，在出口圆截面处均能观察到最大速度区域的偏移。但是将图 3.16（b）与图 3.17（b）的最大速度区域偏移率进行比较会发现，旋转的纺丝弯管喷嘴的偏移率小于未旋转纺丝弯管喷嘴的偏移率。两个状态下的弯管喷嘴相同，因此旋转的纺丝喷嘴中的纺丝溶液能够拥有更小的偏移量。这说明通过对某些参数的调节可以使得最大速度区域偏移率变小甚至为零，因此这为纺丝喷嘴结构优化提供了理论依据。

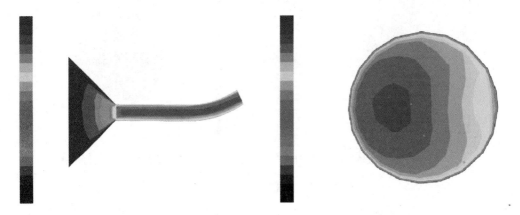

（a）未旋转喷嘴纺丝溶液轴向速度分布云图　　　　（b）未旋转喷嘴纺丝溶液出口速度分布云图

图 3.16　未旋转弯管喷嘴纺丝溶液速度云图

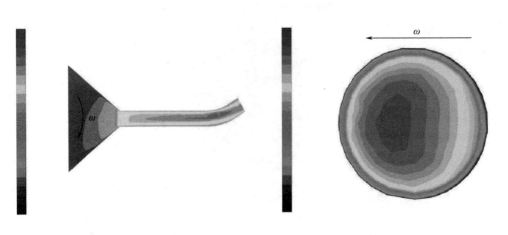

（a）旋转纺丝溶液轴向速度分布云图　　　　　（b）旋转纺丝溶液出口速度分布云图

图 3.17　旋转弯管喷嘴纺丝溶液轴向速度和出口速度云图

　　将图 3.14（b）中纺丝喷嘴旋转方向和偏移方向与图 3.17（b）中的进行比较发现，在旋转直管喷嘴中旋转方向与偏移方向相反，而在旋转弯管喷嘴中旋转方向与偏移方向相同，这是因为旋转而导致的速度偏移现象在弯管中并没有明显的体现。图 3.18 所示为旋转弯管喷嘴出口速度云图及二次流迪恩涡，对比图 3.15 中弯管喷嘴出口速度云图及二次流迪恩涡。

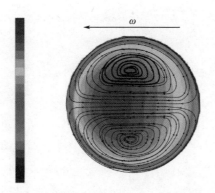

图 3.18　旋转弯管喷嘴出口速度云图及二次流迪恩涡

为了揭示导致直管喷嘴和弯管喷嘴中速度发生偏移以及弯管喷嘴中旋转方向和偏移方向相同的原因，在后续的章节对旋转过程中的纺丝溶液需进行力学分析。

3.5　本章小结

本章介绍了复合纺丝设备结构组成和柔性复合纺丝原理，阐述了复合纺丝过程中复合溶液在喷嘴内流动发生速度偏移的现象，通过实际纺丝溶液在不同转速时表现出的形变规律，将微三角区分为液滴膨胀阶段与初始射流拉伸阶段，并通过对微三角区纺丝溶液进行受力分析建立总体非牛顿流体控制方程，分析液滴阶段内部流场特征以及射流阶段拉伸受力运动，结合微三角区溶液表面张力平衡条件分析产生颈缩的内部压强条件以及转速条件，并发现直管喷嘴与弯管喷嘴中纺丝溶液速度偏移现象有所不同，直管喷嘴中速度偏移方向与旋转方向相反，而在弯管喷嘴中速度偏移方向可以与旋转方向相同。总结纺丝溶液在微三角区的运动规律及稳定射流的形成原理，对离心纺丝参数优化做进一步详细研究，采用"二次流"原理分别分析直管喷嘴和弯管喷嘴内部纺丝溶液最大速度区域产生的偏移现象。

第4章 复合纺丝溶液优化 模型与纺丝喷嘴优化设计

本章对柔性复合纤维装备机构进行优化,不同的纺丝溶液具有不同的最优纺丝机构参数。研究复合纺丝射流在旋转拉伸过程中的物理性能与纺丝装备机构参数的变化规律,建立复合纺丝溶液滑移时的运动学数学模型以及复合纺丝喷嘴内溶液优化模型,先用遗传算法以出口功率为优化目标函数,再用灰狼算法以最大出口速度为优化目标函数,对复合纺丝喷嘴结构进行优化设计,为设计最优的阶梯喷射机构方案,以及阶梯喷射高速复合纺丝机构优化与优质复合纤维的批量制备提供理论基础。

4.1 复合纺丝参数优化模型和出口流速分布

为了实现复合纺丝高质量生产,本章建立了出口功率函数作为优化模型,并通过实际整理复合纺丝喷嘴、罐体以及针管结构参数范围,根据实际纺丝实验确定适合的纺丝电动机转速范围,并通过流变实验以及表面张力实验得到溶液流变性以及表面张力值。最终利用遗传算法进行多维参数寻优。

4.1.1 复合纺丝总体工艺参数及出口功率函数

复合纺丝法是一种新型纳米纤维制备方法,其结构如图 4.1 所示,由喷丝结构、电动机和收集装置组成,其中喷丝结构如图左所示包括罐体与喷嘴两个部分,在电动机高速旋转产生的离心力作用下,罐体内部的高聚合物纺丝溶液从喷嘴口被甩出并在空气中拉伸凝固得到纳米纤维。复合纺丝总体工艺参数可分为加工参数、结构参数和溶液参数三大类,复合纺丝工艺参数分类见表 4.1。

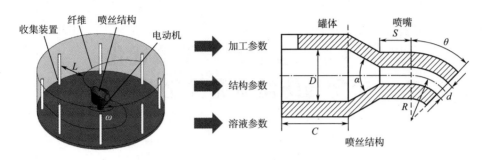

图 4.1　复合纺丝总体工艺参数

表 4.1　复合纺丝工艺参数分类

复合纺丝工艺参数	加工参数	电动机转速 ω
		环境温度 T
		空气压强 p
	结构参数	弯曲角度 θ
		弯管曲率 R
		喷嘴直径 d
		罐体直径 D
		罐体长度 C
		喷嘴锥度 α
		直管长度 s
		收集距离 L
	溶液参数	稠度系数 k
		流变指数 n
		溶液密度 ρ
		溶液表面张力 σ

其中，在实际纺丝中常用的聚合物溶液属于非牛顿流体，与牛顿流体不同的是，非牛顿流体的黏度不是常值而是应变速度的函数。通常根据流体是否具有弹性将非牛顿流体可分为塑性流体与弹黏性流体，其中塑性流体根据黏度函数与剪切作用时间的相关性，又分为非时变型流体、幂律流体、宾汉流体和时变型流体。时变型流体又分为触变性流体与震凝性流体。本研究在后续微三角区出口溶液运动建模过程中，根据使用的聚合物溶液种类选择幂律流体的本构方程，其黏度使用稠度系数 k 和流变指数 n 表示。

在这个复合纺丝过程中，聚合物溶液通过注液孔均匀注入罐体内部，喷丝结构在电动机的带动下开始以恒定转速 w 旋转。根据复合纺丝的实际生产过程，纺丝溶液在喷嘴内部的运动可分为初始流动阶段和层流流动阶段。罐体内部纺丝溶液在重力 F_g、黏性力 F_τ、离心力 F_c、科氏力 F_k、静压力 F_p 的共同作用下，以均匀速度从罐体经过锥形收缩结构流入喷嘴管中并充满整个喷丝结构，流经一段距离后到达喷嘴出口处，在表面张力 F_s 的作用下形成初始微三角区。然而在形成初始射流的过程中，微三角区出口溶液初始运动往往会发生不稳定的鞭动现象并发生破裂，这与纺丝过程中微三角区出口溶液不稳定的状态与出口溶液所受惯性力不一致有极大关系，因此，在复合纺丝工艺参数优化目标的选择上，喷嘴出口速度这一评价指标并不能充分反应复合纺丝最佳优化效果。为了达到更好的优化效果，更好考虑到惯性力对喷嘴流场分布和射流稳定性的影响，本专著选择出口功率优化函数 P，对复合纺丝微三角区出口溶液运动相关的工艺参数进行优化。

$$P = \vec{u} \cdot (\vec{F_k} + \vec{F_c}) \tag{4.1}$$

式中：u 为喷嘴出口截面平均流速，与电动机转速、溶液性质以及罐体和喷嘴的结构参数有关；F_c 为离心力与电动机转速以及旋转距离有关；F_k 为科氏力与电动机转速以及出口流速有关。出口功率目标函数考虑到惯性力对喷嘴流场分布和射流稳定性的影响，通过实现出口功率最大化可以在提高纺丝溶液出口速度的同时，改善喷嘴内部流场分布不均匀性的问题，最终实现喷嘴出口微三角区初始射流的稳定性。

在后续的研究中，通过建立复合纺丝溶液在喷丝器内部的流动数学模型，分析喷嘴出口微三角区溶液初始总体合力，本专著将得到出口功率目标函数与复合纺丝总体工艺参数之间的关系，建立含有复合纺丝结构参数、溶液参数、加工参数的多维空间优化模型。

4.1.2　复合纺丝溶液出口流速分布

为喷嘴出口微三角区初始流体运动优化提供理论基础，需要对罐体和喷嘴内部流场、压力分布、平均速度及出口速度进行详细的分析，复合纺丝建模与纺丝溶液受力分析如图 4.2 所示，建立固结于转动喷丝结构的非惯性坐标系 $oxyz$，oy 与转轴中心重合，oz 与喷嘴轴线重合。

纺丝过程中纺丝溶液储存在罐体内，在电动机的带动下以恒定角速度高速旋转，罐体内的纺丝溶液由静止状态进入初始流动阶段，由于纺丝溶液并未充满喷

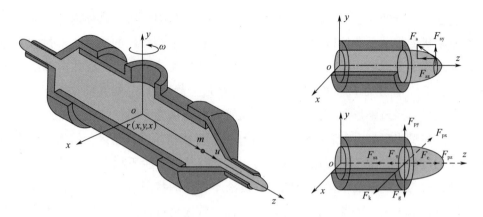

图 4.2　复合纺丝建模与纺丝溶液受力分析

嘴，空气与溶液接触形成气液界面产生表面张力，内部溶液在黏性力作用下与喷嘴管壁处产生边界层并沿着流动方向逐渐向管轴扩展，由初始流态充分发展为层流流态。

复合纺丝建模与纺丝溶液受力分析如图 4.2 所示，喷丝结构内部纺丝溶液轴向受力平衡可写为：

$$\sum \vec{F}_z = \vec{F}_c + \vec{F}_\tau + \vec{F}_{pz} \tag{4.2}$$

由于喷嘴管径向管壁边界存在，流场内部任意一点 m 的流速 u 均沿轴线方向，x 轴方向科氏力 F_k 与 x 轴向压力梯度 F_{px} 平衡。z 轴负方向重力 g 与 z 轴方向压力梯度 F_{pz} 平衡，径向受力平衡可写为：

$$\sum \vec{F}_x = \vec{F}_k + \vec{F}_{px} = 0 \tag{4.3}$$

$$\sum \vec{F}_y = \vec{F}_g + \vec{F}_{pz} = 0 \tag{4.4}$$

综合公式（4.2）～式（4.4），并应用牛顿第二定律 $F = ma$，复合纺丝喷丝内部溶液综合动量平衡方程：

$$\rho \frac{D\vec{U}}{Dt} dV = \vec{F}_c + \vec{F}_\tau + \vec{F}_{px} + \vec{F}_{py} + \vec{F}_{pz} + \vec{F}_k + \vec{F}_g \tag{4.5}$$

其中，取喷丝结构内部纺丝溶液任意一点 m 为研究对象，设其位置矢量为 r（x, y, z），速度 U，体积用 dV 表示，纺丝溶液密度为 ρ，则其单位质量所受科氏力和离心力以及单位体积受到的黏滞力可分别表示为：

$$\vec{F}_c = -\vec{\omega} \times (\vec{\omega} \times \vec{r}) \tag{4.6}$$

$$\vec{F}_k = -2\vec{\omega} \times \vec{U} \tag{4.7}$$

$$\vec{F_\tau} = \nabla \cdot \boldsymbol{T} \tag{4.8}$$

$$\vec{F_g} = -\vec{g} \tag{4.9}$$

式中：ω 为旋转角速度；g 为重力加速度；$\boldsymbol{T}$ 为溶液偏应力张量。设流体微团表面正压且沿外法线方向记为$-p$，则各项压力梯度分别可写为：

$$\vec{F_{px}} = -\frac{\partial p}{\partial x}; \vec{F_{py}} = -\frac{\partial p}{\partial y}; \vec{F_{px}} = -\frac{\partial p}{\partial z} \tag{4.10}$$

令 $F_p = F_{pz} + F_{py} + F_{px}$，则溶液所受压力表示为：

$$\boldsymbol{F}_p = \nabla \cdot (-p) \tag{4.11}$$

将式（4.6）~式（4.9）以及式（4.11）代入式（4.5），复合纺丝喷丝结构动量方程可写为：

$$\vec{U} \cdot \nabla \vec{U} = -\nabla p + \nabla \cdot \boldsymbol{T} - \rho \vec{w} \times (\vec{w} \times \vec{r}) - \rho 2 \vec{w} \times \vec{U} - \rho \vec{g} \tag{4.12}$$

在复合纺丝层流阶段，为了得到溶液在喷嘴出口处的速度分布，在考虑到惯性力影响远大于重力影响的情况下，忽略重力影响，纺丝溶液受到离心力、科氏力、黏滞力、压力的作用，罐体内部流体相对运动可视为定常运动，纺丝溶液密度均匀不可压缩。则最终可以推导出非惯性坐标系下内部流动遵循连续方程与不可压缩流体定常流动的动量运动方程：

$$\nabla \cdot \vec{U} = 0 \tag{4.13}$$

$$\vec{U} \cdot \nabla \vec{U} = -\nabla p + \nabla \cdot \boldsymbol{T} - \rho \vec{w} \times (\vec{w} \times \vec{r}) - \rho 2 \vec{w} \times \vec{U} - \rho \vec{g} \tag{4.14}$$

偏应力张量可表示为：

$$\boldsymbol{T} = 2\eta \boldsymbol{D} \tag{4.15}$$

应变率张量 $\boldsymbol{D}$ 可由纺丝溶液流速变形梯度表示：

$$\boldsymbol{D} = \frac{1}{2}(\nabla \vec{U} + \nabla \vec{U}^{\mathrm{T}}) \tag{4.16}$$

由于实际纺丝溶液为幂律流体，故应用非牛顿幂律流体本构方程：

$$\eta = k |I_2|^{\frac{n-1}{2}} \tag{4.17}$$

$$I_2 = 2tr(\boldsymbol{D}^2) \tag{4.18}$$

式中：η 为幂律流体溶液黏度，k 和 n 为流变指数，I_2 为应变速率张量的不变量。

罐体内部流体任意位置相对速度沿 z 轴方向，并沿径向存在速度梯度，且压降沿流动方向是均匀的，由于喷丝结构在水平面上旋转纺丝，为了推导纺丝溶液出口流速分布，因此假设纺丝溶液流场周向均匀分布，在 xoz 平面并建立柱坐标系，

z 轴与直管管轴重合，r 沿管径向，o 为旋转中心。将罐体和喷嘴内部纺丝溶液流场简化为 orz 二维平面稳态剪切流动，复合纺丝喷丝器内部溶液流场如图 4.3 所示。

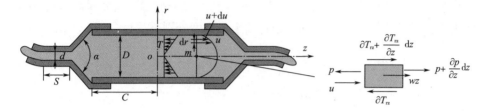

图 4.3　复合纺丝喷丝器内部溶液流场

则根据流场分布，设速度 $U = U\,(v,\,w,\,u)$ 的特征为：

$$v = w = 0, \quad u = u(r) \tag{4.19}$$

根据式（4.15），流场中的偏应力张量为：

$$\begin{cases} \boldsymbol{T}_{rr} = T_{\theta\theta} = \boldsymbol{T}_{zz} = \boldsymbol{T}_{r\theta} = \boldsymbol{T}_{\theta z} = 0 \\ \boldsymbol{T}_{rz} = k \left| \dfrac{\partial u}{\partial r} \right|^{n-1} \dfrac{\partial u}{\partial r} \end{cases} \tag{4.20}$$

根据流场分布，将速度场代入不可压缩流体定常流动的动量运动方程得到：

$$0 = -\frac{\partial p}{\partial r} + 2wu + w^2 r \tag{4.21}$$

$$0 = \frac{1}{\rho}\left[-\frac{\partial p}{\partial z} + \frac{1}{r}\frac{\partial}{\partial r}(rT_{rz}) \right] + w^2 z \tag{4.22}$$

由于罐体不封闭而存在流动自由面，故罐体内部沿 z 轴压强分布均匀且等于静压压强，在柱坐标系中的运动方程组，将压强条件和幂律流体本构方程代入后可得到：

$$\frac{-\rho \omega^2 zr}{2} = k \left| \frac{\partial u}{\partial r} \right|^{n-1} \frac{\partial u}{\partial r} \tag{4.23}$$

结合电动机转轴中心溶液流速为零边界条件与壁面无滑移边界条件：

$$z = 0, \ u = 0; \quad r = \frac{D}{2}, \ u = 0 \tag{4.24}$$

最终推导出罐体内流场分布：

$$u_{\mathrm{g}} = \frac{n}{n+1}\left(\frac{\rho\omega^2 z}{2k}\right)^{\frac{1}{n}} \left[\left(\frac{D}{2}\right)^{\frac{n+1}{n}} - r^{\frac{n+1}{n}} \right] \tag{4.25}$$

罐体内任意距离原点 o 为 z 的罐体截面平均速度为：

$$u_{gm} = \frac{n}{1+3n} \left[\frac{\rho \omega^2 z}{2k} \right]^{\frac{1}{n}} \left(\frac{D}{2} \right)^{\frac{n+1}{n}} \tag{4.26}$$

弯管喷嘴控制体示意图如图 4.4 所示，以罐体出口与喷嘴入口和管壁为控制体，根据式（4.26），则罐体出口截面平均速度 V_1 为：

$$V_1 = \frac{n}{1+3n} \left[\frac{\rho \omega^2 C}{2k} \right]^{\frac{1}{n}} \left(\frac{D}{2} \right)^{\frac{n+1}{n}} \tag{4.27}$$

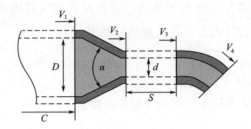

图 4.4　弯管喷嘴控制体示意图

根据定常流动质量守恒方程 $V_1 D = V_2 d$，则得直管入口平均速度 V_2 为：

$$V_2 = \frac{n}{d^2(1+3n)} \left[\frac{\rho \omega^2 C}{2k} \right]^{\frac{1}{n}} \left(\frac{D}{2} \right)^{\frac{3n+1}{n}} \tag{4.28}$$

直管内部流体任意位置相对速度沿 z 轴方向，由于溶液充满喷嘴管道，所以沿流动方向存在压降，直管内部流场特征可简化为：

$$\frac{\left(\frac{\partial p}{\partial z} - \rho \omega^2 z \right) r}{2} = k \left| \frac{\partial u}{\partial r} \right|^{n-1} \frac{\partial u}{\partial r} \tag{4.29}$$

结合直管入口截面平均速度边界条件与壁面无滑移边界条件：

$$r = \frac{d}{2}, \quad u = 0 \tag{4.30}$$

同理可得直管内部流分布为：

$$u_p = \frac{n}{1+n} \left[\frac{\frac{\partial p}{\partial z} - \rho \omega^2 z}{2k} \right]^{\frac{1}{n}} \left[\left(\frac{d}{2} \right)^{\frac{n+1}{n}} - r^{\frac{n+1}{n}} \right] \tag{4.31}$$

喷嘴直管内任意轴向距离原点 o 的 z 处截面平均速度为：

$$u_{pm} = \frac{n}{1+3n} \left[\frac{\frac{\partial p}{\partial z} - \rho \omega^2 z}{2k} \right]^{\frac{1}{n}} \left(\frac{d}{2} \right)^{\frac{n+1}{n}} \tag{4.32}$$

其中，设纺丝溶液流场沿轴向压力梯度均匀分布，则用常量表示喷嘴直管内部 z 轴压力梯度，根据直管入口平均速度边界条件：

$$z = C + \frac{D-d}{2} \cot \frac{\alpha}{2}, \quad u_{pm} = V_2 \tag{4.33}$$

可确定压力梯度为：

$$\frac{\partial p}{\partial z} = \rho \omega^2 \left[\left(\left(\frac{D}{d} \right)^{3n+1} - 1 \right) C - \frac{D-d}{2} \cot \frac{\alpha}{2} \right] \tag{4.34}$$

由上式可知，压降与溶液流变参数、旋转角速度、罐体喷嘴管径比、喷嘴结构等参数有关，喷嘴直管内纺丝溶液流场分布为：

$$u_p = \frac{n}{1+n} \left[\frac{\rho \omega^2}{2k} \left(z + \left(\left(\frac{D}{d} \right)^{3n+1} - 1 \right) C - \frac{D-d}{2} \cot \frac{\alpha}{2} \right) \right]^{\frac{1}{n}} \left[\left(\frac{d}{2} \right)^{\frac{n+1}{n}} - r^{\frac{n+1}{n}} \right] \tag{4.35}$$

轴向距离为 z 的任意截面平均速度最终可得到：

$$u_{pm} = \frac{n}{1+3n} \left[\frac{\rho \omega^2}{2k} \left(z + \left(\left(\frac{D}{d} \right)^{3n+1} - 1 \right) C - \frac{D-d}{2} \cot \frac{\alpha}{2} \right) \right]^{\frac{1}{n}} \left(\frac{d}{2} \right)^{\frac{n+1}{n}} \tag{4.36}$$

如图4.4所示，以喷嘴直管出口与喷嘴弯管出口为控制体，根据式（4.36）直管出口截面平均速度 V_3 为：

$$V_3 = \frac{n}{1+3n} \left[\frac{\rho \omega^2}{2k} \left(\left(\frac{D}{d} \right)^{3n+1} C + S \right) \right]^{\frac{1}{n}} \left(\frac{d}{2} \right)^{\frac{n+1}{n}} \tag{4.37}$$

应用一维定常流动质量守恒 $V_3 A_3 = V_4 A_4$ 由于喷嘴弯管部分截面面积保持不变，弯管出口平均速度 V_4 大小为：

$$V_4 = V_3 = \frac{n}{1+3n} \left[\frac{\rho \omega^2}{2k} \left(\left(\frac{D}{d} \right)^{3n+1} C + S \right) \right]^{\frac{1}{n}} \left(\frac{d}{2} \right)^{\frac{n+1}{n}} \tag{4.38}$$

4.2　微三角区溶液运动优化模型

在建立了复合纺丝溶液在喷丝结构内部流场分布、喷嘴出口截面处平均速度与复合纺丝加工参数、结构参数以及溶液参数之间的非线性关系后，为了推导出出口功率 p 这一目标函数，将在水平面坐标系 oxz 下对出口处纺丝溶液平均速度、科氏力以及离心力矢量进行分析。

假设弯管内部流动均匀直管出口平均速度和弯管出口平均速度均与截面垂直，出口溶液运动与受力分析如图4.5所示，弯管平均出口速度矢量形式可写为：

$$\vec{V_4} = \frac{n}{1+3n}\left[\frac{\rho\omega^2}{2k}\left(\left(\frac{D}{d}\right)^{3n+1}C+S\right)\right]^{\frac{1}{n}}\left(\frac{d}{2}\right)^{\frac{n+1}{n}}(\cos\theta\vec{i}+\sin\theta\vec{j}) \qquad (4.39)$$

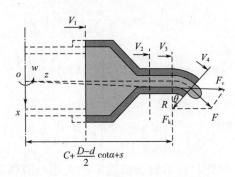

图 4.5　出口溶液运动与受力分析

根据离心力定义式，质量为 m_c 流体微团所受到的离心力大小为电动机转速 w 与位移矢量距离 r 的乘积，方向沿着旋转中心原点 o 与喷嘴弯管出口管轴中心点连线的延长线，其公式可化简为：

$$\vec{F_c} = m_c w^2 \vec{r} \qquad (4.40)$$

如图 4.5 所示，根据喷丝结构参数，通过简单的几何分析，可推导出纺丝溶液位移矢量 r：

$$\vec{r} = \left(C+\frac{D-d}{2}\cot\frac{\alpha}{2}+S+R\sin\theta\right)\vec{i}+R(1-\cos\theta)\vec{j} \qquad (4.41)$$

最终，离心力的矢量形式可写为：

$$\vec{F_c} = m_c w^2\left(C+\frac{D-d}{2}\cot\frac{\alpha}{2}+S+R\sin\theta\right)\vec{i}+w^2R(1-\cos\theta)\vec{j} \qquad (4.42)$$

如图 4.5 所示，根据科氏力的定义式，喷嘴出口处质量为 m_c 的流体微团所受到的科氏力的方向始终与纺丝溶液出口流速垂直且满足叉乘右手定则，大小为平均出口速度 V_4 与转速 w 乘积的 2 倍，科氏力矢量形式可写为：

$$\vec{F_k} = 2m_c w\frac{n}{1+3n}\left[\frac{\rho\omega^2}{2k}\left(\left(\frac{D}{d}\right)^{3n+1}C+S\right)\right]^{\frac{1}{n}}\left(\frac{d}{2}\right)^{\frac{n+1}{n}}(-\sin\theta\vec{i}+\cos\theta\vec{j}) \qquad (4.43)$$

将式（4.39）、式（4.42）和式（4.43）代入出口优化目标函数，最终可求得喷嘴出口处纺丝溶液优化目标函数与复合纺丝工艺参数之间的关系：

$$P = \vec{V_4}\cdot(\vec{F_k}+\vec{F_c})$$

$$= \left[\frac{n}{1+3n} \left[\frac{\rho \omega^2}{2k} \left(\left(\frac{D}{d} \right)^{3n+1} C + S \right) \right]^{\frac{1}{n}} \left(\frac{d}{2} \right)^{\frac{n+1}{n}} (\cos\theta \vec{i} + \sin\theta \vec{j}) \right]$$

$$\cdot \left\{ \left[m_c w^2 \left(\frac{D-d}{2} \cot\frac{\alpha}{2} + S + R\sin\theta \right) - 2m_c w \frac{n}{1+3n} \left[\frac{\rho \omega^2}{2k} \left(\left(\frac{D}{d} \right)^{3n+1} C + S \right) \right]^{\frac{1}{n}} \left(\frac{d}{2} \right)^{\frac{n+1}{n}} \sin\theta \right] \vec{i} \right.$$

$$\left. + \left[w^2 m_c R (1-\cos\theta) + 2w m_c \frac{n}{1+3n} \left[\frac{\rho \omega^2}{2k} \left(\left(\frac{D}{d} \right)^{3n+1} C + S \right) \right]^{\frac{1}{n}} \left(\frac{d}{2} \right)^{\frac{n+1}{n}} \cos\theta \right] \vec{j} \right\} \quad (4.44)$$

整理得：

$$P = \frac{m_c w^2 n}{1+3n} \left[\frac{\rho \omega^2}{2k} \left(\left(\frac{D}{d} \right)^{3n+1} C + S \right) \right]^{\frac{1}{n}} \left(\frac{d}{2} \right)^{\frac{n+1}{n}} \cdot \left[\left(C + \frac{D-d}{2} \cot\frac{\alpha}{2} + S \right) \cos\theta + R\sin\theta \right] \quad (4.45)$$

由上述可以看出，优化目标函数出口功率的大小与罐体直径 D、喷嘴锥度 α、喷嘴直径 d、罐体长度 C、喷嘴直管长度 S 等结构参数；溶液稠度系数 k、流变指数 n 等溶液参数；电动机转速 w 等加工参数密切相关。结合实际复合纺丝设备条件、加工电动机功率限制以及实际纺丝溶液种类，为了更加合理实现出口功率函数的最大化和确定后续复合纺丝参数并选择优化设计参数提供理论依据。

结合实际复合纺丝加工设备以及喷丝结构，复合纺丝罐体直径 D、罐体长度 C、喷嘴锥度 α、喷嘴直管长度 S 是固定值，由于喷丝结构前端针管可替换性，因此，弯管曲率半径 R 也为固定值，而喷嘴直管直径 d 和弯曲角度 θ 可在合理范围内取值，复合纺丝结构参数值见表4.2。

表4.2 复合纺丝结构参数值

符号	项目	数值	符号	项目	数值
D	罐体直径（mm）	30	L	收集距离（mm）	500
C	罐体长度（mm）	35	R	弯管曲率半径（mm）	[3，8]
α	喷嘴锥度（°）	90	θ	弯曲角度（°）	[0，90]
S	直管长度（mm）	20	d	喷嘴直径（mm）	[0.5，1]

在加工参数的选择上，实际电动机配置条件限制转速为 $0 \sim 6000 \text{r/min}$，而在实际纺丝实验中电动机转速通常在 $1000 \sim 4000 \text{r/min}$ 的范围内，环境温度、压强等环境参数将采用常温标准大气压强。复合纺丝加工参数值见表4.3。

表4.3 复合纺丝加工参数值

符号	项目	数值
w	转速（r/min）	[1000，4000]

符号	项目	数值
T	环境温度（℃）	25
p	空气压强（kPa）	101

在实际纺丝实验中，PEO 因具有良好的水溶性而被选为复合纺丝实验材料，根据流变实验和表面张力实验，测得 $M_v = 10^6$ 的 3%～6% 浓度（质量百分比，下同）PEO 水溶液对应的稠度系数 k 和流变系数 n 以及表面张力系数 σ 值，复合纺丝溶液参数值见表 4.4。

表 4.4　复合纺丝溶液参数值

浓度 （%）	稠度系数 k（Pa·s^n）	流变系数 n	密度 ρ（g/cm^3）	表面张力系数 σ（mN/m）
3	15.7609±0.2942	0.442±0.0030	0.9979	61.25
4	42.6299±1.9371	0.3761±0.0077	0.9972	60.92
5	63.5843±2.0283	0.3611±0.0055	0.9965	60.89
6	112.559±3.1013	0.3249±0.0047	0.9958	60.71

将复合纺丝结构参数、加工参数和溶液参数代入目标优化函数，取流体微团质量为 10^{-8} kg，可将优化函数化简为：

$$P = \frac{10^{-8} w^2 n}{1+3n} \left[\frac{\rho \omega^2}{2k} \left(\left(\frac{0.03}{d} \right)^{3n+1} 0.035 + 0.02 \right) \right]^{\frac{1}{n}} \left(\frac{d}{2} \right)^{\frac{n+1}{n}} \cdot \left[\left(0.07 + \frac{d}{2} \right) \cos\theta + R\sin\theta \right]$$

$$(4.46)$$

根据优化参数取值范围，绘制不同转速时，各浓度溶液在不同出口结构参数下目标优化函数的三维图像，出口功率函数图如图 4.6 所示。

由图 4.6 可以看出，溶液参数以及电动机转速与该优化函数明显成正比，优化函数的极值在较大转速下产生。然而在实际纺丝过程中较低浓度下过高的转速会导致纤维断裂不成型。这是由于该优化函数仅包含溶液在罐体内部的流动变化，未能全面正确地考虑到转速以及黏度在后续溶液运动中对纤维成型产生的巨大影响，因此这一优化函数并不适合溶液浓度与电动机转速的寻优。在后续对于微三角区流场与射流拉伸运动研究中，将进一步探究不同浓度下的最佳转速。

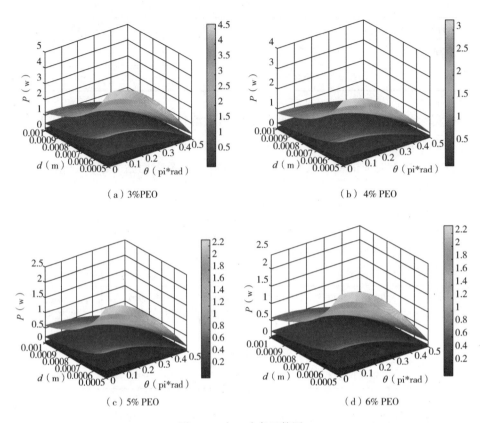

图4.6　出口功率函数图

4.3　复合纺丝喷嘴内溶液流动理论基础

当喷丝头随电动机以一定速度旋转时，聚合物溶液在自身与喷丝头一起旋转产生的离心力作用下向喷嘴处流动，并在经过喷嘴缩口时，纺丝溶液流速增大，最后从喷嘴出口处喷出。为了达到对结构参数进行优化，通过分析溶液在流道中的流动状态，建立溶液在喷嘴出口位置的速度模型，确立工艺参数、结构参数以及溶液参数与出口速度的关系。

4.3.1　复合纺丝喷嘴内溶液连续性方程

聚合物纺丝溶液在罐体和喷嘴内运动过程中，根据质量守恒定律，任取一个

边长分别为 dx、dy 和 dz 的六面体作为纺丝喷嘴内溶液流域中的微元控制体，如图 4.7 所示。由于溶液流入控制体的速度与流出控制体的速度不同，因此在单位体积内纺丝溶液的运动应当满足：

$$\oiint_s \rho v_n dA + \frac{\partial}{\partial t} \iiint_\Omega \rho dV = 0 \tag{4.47}$$

式中：ρ 为聚合物溶液浓度，v_n 为聚合物溶液流速，A 为控制体表面面积，V 为控制体体积。

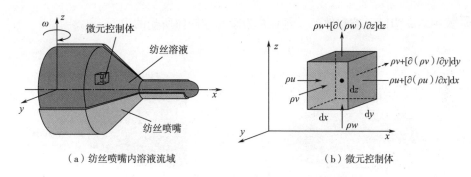

（a）纺丝喷嘴内溶液流域　　　　　　（b）微元控制体

图 4.7　纺丝喷嘴内溶液流域中的微元控制体

在 x、y 和 z 三个方向上，单位时间内通过微元控制体流出的纺丝溶液质量和为：

$$\Delta m_1 = \Delta m_x + \Delta m_y + \Delta m_z = \frac{\partial(\rho u)}{\partial x}dxdydz + \frac{\partial(\rho v)}{\partial y}dxdydz + \frac{\partial(\rho w)}{\partial z}dxdydz \tag{4.48}$$

在 x、y 和 z 方向上，微元控制体中纺丝溶液质量在单位时间内减少量可以表示为：

$$\Delta m_2 = -\frac{\partial \rho}{\partial t}dxdydz \tag{4.49}$$

由质量守恒定律可知，在单位时间内，微元控制体中聚合物纺丝溶液质量的减少量应与流出的质量相同。故纺丝溶液的连续性方程为：

$$\frac{\partial \rho}{\partial t} + \frac{\partial(\rho u)}{\partial x} + \frac{\partial(\rho v)}{\partial y} + \frac{\partial(\rho w)}{\partial z} = 0 \tag{4.50}$$

式中：u，v，w 分别为纺丝溶液在 x 轴、y 轴和 z 轴上的速度分量。

聚合物纺丝溶液所受压力以及温度保持不变，且可视为不可压缩流体，即纺丝溶液的密度 ρ 为常数，故式（4.50）可以写成：

$$\nabla \cdot \vec{V} = \frac{\partial u_i}{\partial x_i} = \frac{\partial u_x}{\partial x} + \frac{\partial u_y}{\partial y} + \frac{\partial u_z}{\partial z} = 0 \tag{4.51}$$

式中：$\vec{V}$ 为喷嘴内纺丝溶液流速； ∇ 为哈密顿算子。

4.3.2 复合纺丝喷嘴内溶液运动方程

聚合物溶液在喷嘴内运动过程中，还需要满足动量守恒定律。同样在聚合物纺丝溶液中取边长为 dx、dy 和 dz 的六面体微元控制体，喷嘴管道内溶液运动方程微元控制体如图 4.8 所示。

$$\frac{\partial\,(m\vec{V})}{\partial t} = \sum F \tag{4.52}$$

式中：m 为微元控制体的质量；F 为微元控制体所受的力。

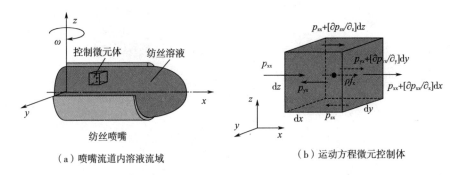

（a）喷嘴流道内溶液流域　　　　　（b）运动方程微元控制体

图 4.8　喷嘴管道内溶液运动方程微元控制体

因此纺丝溶液运动方程的微分形式为：

$$\begin{cases} \rho\,\dfrac{\mathrm{d}u}{\mathrm{d}t} = \rho f_x + \dfrac{\partial p_{xx}}{\partial x} + \dfrac{\partial p_{xy}}{\partial y} + \dfrac{\partial p_{xz}}{\partial z} \\[2mm] \rho\,\dfrac{\mathrm{d}v}{\mathrm{d}t} = \rho f_y + \dfrac{\partial p_{yx}}{\partial x} + \dfrac{\partial p_{yy}}{\partial y} + \dfrac{\partial p_{yz}}{\partial y} \\[2mm] \rho\,\dfrac{\mathrm{d}w}{\mathrm{d}t} = \rho f_z + \dfrac{\partial p_{zx}}{\partial x} + \dfrac{\partial p_{zy}}{\partial y} + \dfrac{\partial p_{zz}}{\partial z} \end{cases} \tag{4.53}$$

式中：f_i（$i=x,y,z$）为纺丝溶液受到的离心力在三个方向上的分力；p_{ij}（$i, j=x,y,z, i=j$）为纺丝溶液受到的法向应力；p_{ij}（$i, j=x,y,z, i\neq j$）为纺丝溶液由于黏滞力而产生的切向应力。

式（4.53）写成与坐标系无关的矢量形式即为：

$$\frac{\partial\vec{V}}{\partial t} = \vec{f} + \frac{1}{\rho}\,\nabla\cdot\vec{P} \tag{4.54}$$

4.4 复合纺丝溶液速度大小和速度偏移模型

4.4.1 复合纺丝溶液速度大小模型

通过分析纺丝溶液在罐体、喷嘴、直管和弯管中的流动，得到了溶液出口速度的数学模型。喷丝头结构示意图如图 4.9 所示，喷丝头由一个罐体和两个喷嘴组成。罐体围绕 $O_1 O_2$ 轴旋转，溶液和喷嘴随罐体一起旋转。

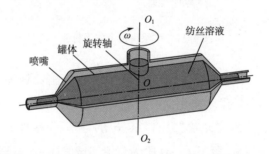

图 4.9 喷丝头结构示意图

喷丝头结构尺寸如图 4.10 所示，罐体的内径为 D，喷嘴与罐体连接处的内径与罐体内径相同，喷嘴收缩段初始位置到旋转轴的距离为 L_0，喷嘴直管进口处到喷嘴收缩段初始位置的距离为 L_1，喷嘴出口处到喷嘴直管进口的距离为 L_2，收缩角度为 α，其与 D、D_{out}、L_0、L_1 的关系可以表示为：

$$\tan \frac{\alpha}{2} = \frac{1}{2} \frac{D - D_{out}}{L_1 - L_0} \tag{4.55}$$

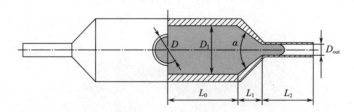

图 4.10 喷丝头结构尺寸图

笛卡尔坐标系建立在罐体中心轴与旋转轴的交点 O 处，其中罐体轴为 x 轴，

旋转轴为 z 轴, 喷丝头笛卡尔坐标系如图 4.11 所示。当旋转装置工作时, P 点距离 L 的溶液在非惯性坐标系中受到离心力 F_{cen}、黏度力 F_v、科氏力 F_c 以及压力 F 的作用。离心力的方向指向 x 轴的正方向, 黏性力指向 x 轴的负方向, 科氏力指向相反的旋转方向。

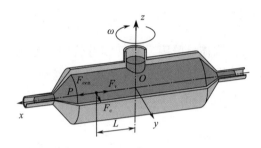

图 4.11　喷丝头笛卡尔坐标系

通过第三章中对二次流现象的描述, 在喷嘴直管出口处加入一个弯曲管, 使溶液的速度中心在弯曲处发生变化, 可以显著改善速度分布。图 4.12 显示了附加弯曲管中四个区域的溶液流动状态。$A—A$ 至 $B—B$ 段为罐体区域, $B—B$ 至 $C—C$ 段为喷嘴收缩区域, $C—C$ 段至 $D—D$ 段为直管区域, $D—D$ 段至 $E—E$ 段为弯曲管区域。

在 $A—B$ 的罐体区域内, 由于此时, 纺丝溶液流动的速度较低, 此时溶液受到的科氏力可忽略不计, 因此溶液只受到向外的离心力的作用。而在 $B—C$ 的喷嘴收缩区域, 由于内径的变小, 纺丝溶液的速度逐渐增大, 所受到的科氏力也逐渐增加, 但是与喷嘴缩口最小处的速度相比, 此时由于溶液流动产生的科氏力也可忽略不计。在 $C—D$ 区域内纺丝溶液的速度从缩口截面 C 处显著增加, 且随着远离旋转中心的距离增加, 速度也逐渐增加, 此时科氏力的作用显著。在 $D—E$ 弯管部分不仅仅有科氏力的作用还有溶液流经弯管产生额外的远离弯管曲率中心的离心力作用。

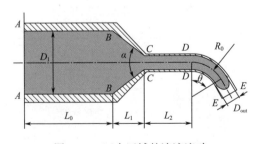

图 4.12　四个区域的溶液流动

复合纺丝溶液的微团质量为 m，沿罐体轴的速度为 V。因此，离心力 F_{cen}、黏滞力 F_v 和科氏力 F_c 三个力的方程分别表示为：

$$\begin{cases} F_{cen} = m\omega^2 L \\ F_v = k\left(\dfrac{\partial V}{\partial r}\right)^n \\ \overrightarrow{F_c} = 2m\overrightarrow{\omega} \times \overrightarrow{V} \end{cases} \tag{4.56}$$

式中：$\partial V/\partial r$ 为纺丝溶液的速度梯度；k 为纺丝溶液的黏度系数；n 为纺丝溶液的流变指数，代表了纺丝溶液的流变特性。k 和 n 都与溶液浓度有关，这可以通过流变学实验测量的数据得到。$\overrightarrow{V}$ 是纺丝溶液在沿 x 轴的 p 点处的相对速度。$\overrightarrow{\omega}$ 是电动机旋转角速度 ω 的矢量。

当旋转装置开始工作时，沿罐体轴的溶液速度很低，所以黏性力很小。罐体内的溶液主要受到离心力和科氏力的作用。科氏力 F_c 与分子间力和罐体壁的反作用力 F 相平衡。当纺丝装置工作稳定时，横截面完全充满溶液，因此科氏力对罐体轴向速度的影响可以忽略不计。溶液在离心力的作用下流向喷嘴。罐体区域的溶液流动可以视为稳定流动，因为当装置工作稳定时，流动通道中任何一点的速度、压力、温度和密度都是恒定的。

在非惯性坐标系中，罐体内的溶液流动为平行直线运动。罐体中的点 p 的速度为 V_p。根据能量方程，它可以写成：

$$\int_0^L F_{cen} - F_v \mathrm{d}x = \frac{1}{2}mV_P^2 \tag{4.57}$$

采用浓度为 5% 的 PEO 溶液进行实验，黏度系数 k 和流变指数 n 分别为 7.62 和 0.502。结合公式（4.56）与式（4.57），速度 V_p 和距离 L 之间的关系可以知道，因此，式（4.57）可以简化为：

$$V_P = \frac{\omega}{10^4}L \tag{4.58}$$

当溶液流到 B—B 段时，得到的 V_B 的速度为：

$$V_B = \frac{\omega}{10^4}L_0 \tag{4.59}$$

当溶液流入喷嘴时，溶液的速度不仅受离心力的影响而增大，而且随着喷嘴内径的收缩而增大。单独使用能量方程或连续性方程是不可行的。因此，C—C 段的速度定义如下：

$$V_C = \frac{DV_B}{10D_{out}} \qquad (4.60)$$

随着纺丝溶液的速度迅速增加，黏性力和科氏力的影响也显著增强。然而，它只是影响了速度的分布。直管中沿 x 轴纺丝溶液的能量方程写为：

$$\int_{L_1+L_0}^{L} F_{cen} - F_v dx = \frac{1}{2}m(V^2 - V_c^2) \qquad (4.61)$$

将式（4.60）代入式（4.61），纺丝溶液在直管中的速度可以表示为：

$$V^2 = \frac{\omega^2}{10^8}[L^2 - (L_1+L_0)^2] + \frac{D^2 V_B^2}{10^2 D_{out}^2} \qquad (4.62)$$

因此，直管中溶液的流动速度也是 l 的函数，在直管的 D—D 段处达到最大值。溶液流入弯曲管前的速度表示为：

$$V_D^2 = \frac{\omega^2}{10^8}[(L_2+L_1+L_0)^2 - (L_1+L_0)^2] + \frac{D^2 V_B^2}{10^2 D_{out}^2} \qquad (4.63)$$

当溶液流入弯管时，离心力的方向变化轻微，弯管内的溶液流动如图 4.13 所示。点 P 与旋转轴之间的距离为 L。此处为简化计算，令 $L_{0-1}=L_1+L_0$，$L_{0-2}=L_2+L_1+L_0$。

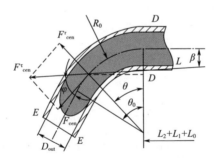

图 4.13　弯管内的溶液流动

此时溶液所受离心力可以写为：

$$F_{cen} = m\omega^2 L = m\omega^2 [(L_{0-2}+R\sin\varphi)^2 + (R-R\cos\varphi)^2]^{\frac{1}{2}} \qquad (4.64)$$

根据能量方程，弯曲管出口的速度写为：

$$\int_0^{\theta_0 R_0} F_{cen}^{\tau} - F_v ds = \int_0^{\theta_0 R_0} F_{cen}\cos\varphi - F_v ds = \frac{1}{2}m(V_E^2 - V_D^2) \qquad (4.65)$$

上式也可以改写为：

$$\frac{1}{2}m\left(V_{\mathrm{E}}^2-V_{\mathrm{D}}^2\right)=\int_0^{\theta R}m\omega^2\left[(L_{0\text{-}2}+R\sin\theta)^2+(R-R\cos\theta)^2\right]^{\frac{1}{2}}\cos\varphi-k\left(\frac{\partial V}{\partial r}\right)^n\mathrm{d}s \tag{4.66}$$

角度 β、θ 和 φ 之间的关系可以表示为：

$$\varphi=\theta-\beta \tag{4.67}$$

由于角度 β 相对较小，为了便于计算，将它设置为 0，使离心力的方向指向 x 轴的正方向。使用的式（4.66）将被转换成：

$$\frac{1}{2}m\left(V_{\mathrm{E}}^2-V_{\mathrm{D}}^2\right)=\int_0^{\theta R}m\omega^2(L_{0\text{-}2}+R\sin\theta)\cos\theta-k\left(\frac{\partial V}{\partial r}\right)^n\mathrm{d}s \tag{4.68}$$

将式（4.63）代入等式（4.68），纺丝溶液在 $E\text{—}E$ 截面上的出口速度如下：

$$V_{\mathrm{E}}^2=\frac{\omega^2}{10^8}\left[R^2\cos^2\theta+L_{0\text{-}2}R\sin\theta\right]+\frac{\omega^2L_0^2D^2}{10^{10}D_{\mathrm{out}}^2}+\frac{w^2}{10^8}\left(L_{0\text{-}2}^2-L_{0\text{-}1}^2\right) \tag{4.69}$$

整理后即可得到：

$$V_{\mathrm{E}}=\frac{\omega}{10^4}\left[R^2-R^2\sin^2\theta+L_{0\text{-}2}R\sin\theta+\frac{L_0^2D^2}{100D_{\mathrm{out}}^2}+L_{0\text{-}2}^2-L_{0\text{-}1}^2\right]^{\frac{1}{2}} \tag{4.70}$$

可以清楚地看出，出口速度 V_{E} 为一个多元多次函数与喷嘴结构参数和转速相关。

4.4.2　复合纺丝溶液速度偏移模型

在 4.4.1 节中，在求取溶液沿管轴线方向的主流速度时，在直管部分忽略了垂直于主流速度方向上的科氏力 F_c 的影响，以及在弯管部分忽略了科氏力 F_c 和离心力垂直于管轴线上主流速度方向的分力 F_{cen}^r 的联合影响。本节的主要重点是描述垂直于主流速度方向的力对速度偏移的影响，在直管部分，考虑科氏力作用对纺丝溶液速度偏移影响，在弯管部分，科氏力、旋转产生的离心力分力以及弯管离心力共同影响溶液速度偏移。

为了确定科氏力对纺丝溶液在流域中的速度偏移的影响，首先需要确定影响科氏力大小的因素。从式（4.56）中可知，科氏力大小与质点质量、质点相对坐标系运动的速度以及旋转系统运动转速相关。

不同侧溶液受力分析如图 4.14 所示，在罐体溶液流域内选取流道轴线两侧的两点 m 和 n，这两点的速度分别是 V_m 和 V_n，对这两点进行受力分析可以清晰地发现两点受力情况除离心力方向不同之外，其余的力都近似。在罐体部分与喷嘴锥形区域，对于溶液微团来说，微团质量恒定，系统旋转速度在 1000~4000r/min 内

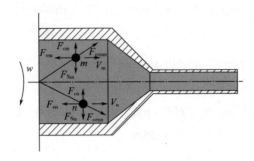

图 4.14　不同侧溶液受力分析

变化，只有科氏力的大小影响溶液速度偏移。由式（4.56）可知此时溶液速度低，科氏力不大，对溶液的速度偏移影响程度不明显。在喷嘴锥形出口部分，溶液速度急剧增加，此时科氏力逐渐增加，对溶液速度偏移现象也逐渐明显起来（可见第四章仿真图中轴向速度分布）。在弯管部分，为了判断此时科氏力和离心力（包含系统产生离心力分力 F_{cen}^r 以及溶液流过弯管产生的离心力）在纺丝溶液流动过程中哪一个起到了主导作用，采用 Rossby（用 Ro 表示）数来表示。Ro 数为溶液所受惯性离心力与科氏力之无因次比值，可以表达为：

$$Ro = \frac{U}{fL} \tag{4.71}$$

式中：U 为特性速度；f 为科氏参数（本专著中喷嘴管道为圆柱体，则为转速 w 的两倍）；L 为特性长度。Ro 为复合纺丝溶液平流项与科氏力项的比值。

（1）当 Ro 远小于 1 时，此时科氏力项占比比平流项更大，则科氏力更为重要，可忽略平流项；

（2）当 Ro 为 1 时，此时平流项和科氏力项具有相同的影响作用；

（3）当 Ro 远大于 1 时，此时平流项占比更大，在不考虑地球自转的影响下，可以将科氏力忽略。

弯管中的二次流会使得纺丝溶液在流道内产生迪恩涡对，在此基础上提出了一无量纲数——迪恩数 Dn，其表达式为：

$$Dn = Re\left(\frac{r}{Rc}\right)^{\frac{1}{2}} \tag{4.72}$$

式中：r 为纺丝喷嘴管径；Rc 为纺丝喷嘴弯管弯曲半径；Re 为纺丝溶液雷诺数，其表达式为：

$$Re = \frac{\rho v^{2-n} D}{k} \tag{4.73}$$

式中：v 为主流速度；ρ 为 PEO 纺丝溶液的密度；n 为幂律指数；k 为流体稠度系数。涡量的定义式为：

$$\vec{\Omega} = \nabla \times \vec{v} \tag{4.74}$$

弯管横截面的二次流用涡量绝对值的平均来描述：

$$J_z = \frac{1}{A} \iint\limits_A |\Omega| \, \mathrm{d}A \tag{4.75}$$

式中：A 为横截面面积，对式（3.28）进行无量纲化，得到一个新的二次流强度无量纲数 Se：

$$Se = \frac{\rho (D J_z) D}{\mu} = \frac{\rho D^2}{\mu} J \tag{4.76}$$

由式（4.75）可知，二次流强度与纺丝溶液性质、溶液流动速度相关，而溶液流动速度与喷嘴结构参数以及转速相关，因此二次流强度 Se 也与这两者有联系。

为了得到最优的弯管喷嘴结构参数，需要采用灰狼算法对速度模型进行优化，以在弯管出口截面上纺丝溶液最大流速区域集中在圆心处为指标，求取出口速度达到最大，因此二次流强度可以作为控制速度偏移的条件，也可作为速度优化函数的约束条件。

4.5　复合纺丝喷嘴结构参数优化

4.5.1　基于遗传算法的出口参数优化

遗传算法早期由美国的霍兰（Holland）提出，后经德容（Dejon）和高柏（Goldberg）总结改进形成遗传算法。遗传算法原理如图 4.15 所示。

遗传算法作为一种高度并行、随机、自适应的全局优化概率搜索算法，具有很强的通用性和全局收敛性，非常适用于解决非线性多元空间优化问题。避免了复合纺丝出口功率函数优化过程陷入局部最优解，适用于解决复合纺丝工艺参数这一类非线性多元优化问题。

基础框架是弯管优化结构参数编码、出口瞬时功率适应度函数和初始进化种群。考虑实际纺丝过程中纺丝设备限制、溶液种类以及电动机参数配置，选择溶

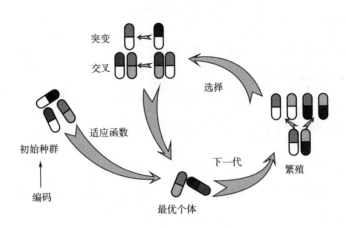

图 4.15　遗传算法原理图

液浓度、喷嘴直径 d、出口弯曲角度 θ 和弯管曲率半径 R 作为优化设计变量，在不同浓度的溶液参数条件下对出口功率函数寻优，其优化函数形式为：

建立优化目标函数为：

$$f(\boldsymbol{x}) = \max(P) \tag{4.77}$$

复合纺丝工艺参数优化模型的设计变量为：

$$\boldsymbol{x} = [\text{喷嘴直径 } d \quad \text{弯曲角度 } \theta \quad \text{弯管曲率半径 } R] \tag{4.78}$$

遗传算法的复合纺丝工艺参数优化过程主要由初始化、个体评价、选择、交叉、变异运算和终止条件判断六部分组成。遗传算法通过判断出口功率适应度函数的最大化输出工艺参数组来优化最佳方案，即实现出口功率目标函数最大化的全局设计变量组合。

编码操作是将弯曲角度、弯管曲率半径、喷嘴直管长度三个结构参数根据取值范围和计算精度转变为二进制数的过程，二进制编码包含弯曲角度、弯管曲率半径和喷嘴直径三段，每一个优化结构参数组合对应一串二进制编码。针对弯管型喷嘴的三个待优化结构参数，计算编码位数，公式如下：

$$L = \lg 2\left(\frac{b-a}{\text{eps}} + 1\right) \tag{4.79}$$

式中：L 二进制编码是 $a \sim b$；eps 为精度；$[a, b]$ 为弯管喷嘴设计变量取值范围。编码总长度各设计变量编码长度之和，即：

$$L = L_{\theta} + L_{R} + L_{d} \tag{4.80}$$

遗传算法模拟生物演化将此二进制编码看作个体和基因，个体组合成为种群。通过选择、交叉和突变三个遗传算子将设计参数优化问题的解决过程转变为生物的进化过程。

选择操作是指从弯管型喷嘴结构参数集合随机生成的初始种群中选择一定数量的编码进行突变和交叉操作，并按照代沟比率将突变后的编码遗传到下一代。本专著选择轮盘赌选择方法，轮盘赌选择算子形式如下：

$$P_i = \frac{f_i}{\sum\limits_{i=1}^{n} f_i} \qquad (4.81)$$

式中：P 为各喷嘴结构参数组合被选中的概率；f 为对应的出口瞬时功率函数。

轮盘赌选择方式是根据结构参数对应的瞬时功率大小来选择基因交叉和突变的对象，瞬时功率越大被选中的概率越大，最终达到出口瞬时功率最大化优化目标。

交叉是将成对的喷嘴结构参数编码进行片段的交换，形成新的结构参数编码遗传到下一代。突变是指将喷嘴结构参数编码上的一位或多位基因值改变。经过个体之间交叉和基因突变所产生新的个体和未发生交叉和突变的个体形成新的种群，基因经过多代淘汰，最终保留适应性最强的个体。

经过多次参数调节和迭代运算，种群大小 40，最大遗传代数 50，个体长度 20，代沟 0.95，交叉概率 0.7，变异概率 0.01，遗传算法优化过程如图 4.16 所示。

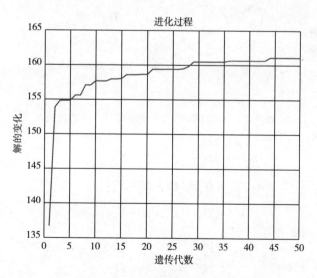

图 4.16　遗传算法优化过程图

经过多次迭代计算，弯管型喷嘴结构参数最优化结果输出，最终得到最优复合纺丝工艺参数见表 4.5。

表4.5　最优复合纺丝工艺参数

弯曲角度（°）	弯管曲率半径（mm）	喷嘴直径（mm）
10.8	8	0.5

4.5.2　基于灰狼算法的出口参数优化

灰狼优化（GWO）算法包括三个主要步骤，即寻找猎物、包围猎物和攻击猎物。当灰狼确定了猎物的位置时，头狼 Alpha（α）就会引导其他狼去追赶。然而，在解决函数优化问题时，猎物的位置对应于问题的全局最优解，这是事先未知的。Alpha 狼、Beta（β）狼和 Delta（δ）狼是最接近猎物的三只狼，因此，Alpha 狼、Beta 狼和 Delta 狼的位置可以作为一个近似解，其中 Alpha 狼是最优解。

GWO 群体内个体追踪其猎物方向的机制如图 4.17 所示，具体计算可以表示如下：

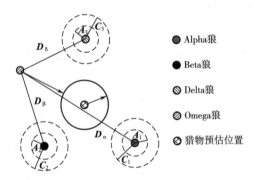

图 4.17　GWO 群体内个体追踪其方向的机制

$$\begin{cases} D_\alpha = |C_1 \cdot X_\alpha - X_\omega^t|, \\ D_\beta = |C_2 \cdot X_\beta - X_\omega^t|, \\ D_\delta = |C_3 \cdot X_\delta - X_\omega^t|, \end{cases} \tag{4.82}$$

$$\begin{cases} X^{t+1} = X_\alpha - A_1 \cdot D_\alpha, \\ X^{t+1} = X_\beta - A_2 \cdot D_\beta, \\ X^{t+1} = X_\delta - A_3 \cdot D_\delta, \end{cases} \tag{4.83}$$

$$X_\omega^{t+1} = \frac{X_\alpha^{t+1} + X_\beta^{t+1} + X_\delta^{t+1}}{3} \tag{4.84}$$

式中：t 表示当前的迭代次数，为 Omega 狼经过第 t 次迭代后的当前位置向量 X_ω^{t+1}、X_α、X_β 和 X_δ 分别为 Alpha 狼、Beta 狼和 Delta 狼的位置向量。D_α、D_β 和 D_δ 是 Omega 狼与 Alpha 狼、Beta 狼与 Omega 狼之间的距离。A 和 C 是系数矩阵，计算公式如下：

$$\begin{cases} A = 2a \cdot r_1 - a, \\ C = 2r_2, \\ a = 2\left(1 - \dfrac{t}{\text{Iteration}}\right) \end{cases} \tag{4.85}$$

式中：Iteration 是最大迭代次数，r_1 和 r_2 是［0，1］中的两个随机向量，a 值从 2 到 0 线性减小。

算法流程如下：

（1）设定狼的数量、问题维数和收敛条件，在搜索空间中随机生成每个狼的初始位置以及 a、A、C 的值；

（2）计算每只狼的适应度值，根据最优适应度值选择 α、β、δ 狼的位置；

（3）剩余狼与 α、β、δ 狼的距离根据等式（4.83）得到；

（4）根据等式更新狼的个体位置；

（5）重新计算 a、A、C 和适应度值；

（6）达到收敛，结束迭代，输出结果，返回步骤（3）。

通过建立影响出口速度的参数与 GWO 之间的关系来解决优化问题，因此，灰狼位置向量由出口速度中的四个待决参数组成。向量 X 可以定义为：

$$X = \begin{pmatrix} \text{转速} & w \\ \text{弯管曲率半径} & R \\ \text{弯管弯曲角度} & \theta \\ \text{出口直径} & D_2 \end{pmatrix}^{\mathrm{T}} \tag{4.86}$$

通过确定了所需要优化的工艺参数以及喷嘴结构参数，则需要确定优化函数以及其约束条件。

从式（4.68）可以获得出口速度 V_E 可表示如下：

$$V_E = \frac{w}{10^4}\left[R^2 - R^2\sin^2\theta + L_{0-2}R\sin\theta + \frac{L_0^2 D^2}{100 D_{\text{out}}^2} + L_{0-2}^2 - L_{0-1}^2\right]^{\frac{1}{2}} \tag{4.87}$$

另外，所建立的优化目标函数如下：

$$\max F\ (x)\ = \max V_E \tag{4.88}$$

95

简化的适应度函数可以写成如下：

$$f_{\mathrm{x}} = \frac{w}{10^4}\left[R^2\cos^2\theta + L_{0\text{-}2}R\sin\theta + \frac{L_0^2 D^2}{10^2 D_{\mathrm{out}}^2} + L_{0\text{-}2}^2 - L_{0\text{-}1}^2\right]^{\frac{1}{2}} \qquad (4.89)$$

约束条件即为二次流强度对速度偏移的影响程度，此处采用 Matlab 编程处理。

通过确定参数的范围，可以有效地完成优化。根据目前实验所涉及的设备各种参数，确定优化参数的范围见表 4.6。

表 4.6　优化参数的范围

项目	参数	符号	范围
优化对象	出口速度（m/s）	V_{out}	max
优化参数	转速（r/min）	w	$1000+500i\ (i=0,\ 1,\ \cdots,\ 6)$
	弯管曲率半径（mm）	R	6, 7, 8, 9, 10
	弯管弯曲角度（°）	θ	0~90（取整）
	出口直径（mm）	D_2	0.6, 0.7, 0.8, 0.9, 1.0
其他喷丝头参数	罐体、喷嘴入口直径（mm）	D_1	20
	直管长度（mm）	L_2	15
	罐体长度（mm）	$2L_0$	90
	喷嘴长度（mm）	L_1	15
灰狼算法参数	狼群中狼的数量	—	20
	最大迭代次数	—	50
	系数矩阵	A	$[-a,\ a]$，$a=2{\to}0$
	系数矩阵	C	$(0,\ 2]$
	实验次数	—	10

经过多参数调整和迭代操作后，GWO 优化过程如图 4.18 所示。

T_i（$i=1,\ 2,\ \cdots,\ 10$）表示第 i_{th} GWO 优化的过程图。当迭代次数达到 18 次时，最优搜索就会收敛，这表明 GWO 可以有效地解决喷嘴优化问题。灰狼算法在早期还处于全局搜索阶段，收敛速度较慢。当更多的狼群成员接近 α、β 和 δ 狼时，优化搜索速度迅速提高。在 10 次实验中可以发现，当迭代次数为 6~9 次时，有些实验可以快速找到最优结果，而有些实验结果较差。这表明，在全球寻找狼种群

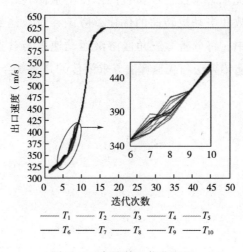

图 4.18　灰狼算法优化过程

的过程中，有朝着局部最优解收敛的可能性。其优化结果见表 4.7。

表 4.7　出口速度优化结果

优化参数	符号	最优值
转速（r/min）	w	2500
弯管曲率半径（mm）	R	10
弯管弯曲角度（°）	θ	10
出口直径（mm）	D_2	0.6

4.6　本章小结

本章介绍了高速复合纺丝过程中喷嘴内溶液流动的连续性方程和运动方程。分析纺丝溶液的受力状态，推导溶液在各流道区域内的速度模型，最终得到了在弯管喷嘴出口的速度大小模型。以及分析科氏力对直管内溶液的速度偏移的影响，并得到了在弯管部分与速度偏移相关的二次流强度。分别对出口功率函数和出口速度函数进行分析寻优，其电动机转速 w 与出口功率函数成正比，溶液浓度参数稠度系数 k、流变系数 n 和密度 ρ 与出口功率函数成反比，以出口功率和出口速度最大化为目标函数的优化结果往往不符合高浓度溶液高转速比的实际纺丝生产条件，因此针对溶液参数和电动机转速的优化，应该寻找其他更加合理的优化目标函数，在后续的章节中，将分析微三角区溶液运动速度与参数以及电动机转速之间的关系。旨在通过遗传算法和灰狼算法寻求最佳的高速复合纺丝喷嘴结构参数。

第 5 章　复合纺丝流体仿真

为了对优化结果以及滑移模型进行验证，采用 Ansys 中的 Fluent 流体仿真软件对离心复合纺丝喷嘴微三角区纺丝溶液的速度分布、压力分布、湍流分布进行模拟仿真。其步骤为：

（1）在流速以及无黏度情况下探究微三角区液滴形变过程以及射流轨迹，在不同电动机转速条件下进行数值计算，分析微三角区液滴颈缩产生以及射流不稳定波动与电动机转速的关系；

（2）采用控制变量的方法对不同参数下的纺丝喷嘴结构内纺丝溶液的流动状态进行数值仿真，以纺丝溶液在出口截面处的速度偏移最小的情况下速度达到最大值为标准，分析不同参数对应的仿真结果；

（3）通过改变边界条件分析工艺参数对微三角区内聚合物溶液分布的影响，将仿真结果与理论分析相互对照验证，探究离心复合纺丝中微三角区纺丝溶液的运动规律。

5.1　复合纺丝微三角区仿真及轨迹追踪

5.1.1　复合纺丝喷嘴出口流速仿真

利用 Ansys 仿真软件中 Fluent 模块对复合纺丝罐体与喷嘴内部溶液流场进行模拟仿真。首先根据实际复合纺丝设备建立三维模型，抽取内部溶液流场区域并划分网格，然后根据实际纺丝条件设置边界条件以及转速条件后进行仿真模拟。

复合纺丝时纺丝溶液在罐体和喷嘴内部流动，利用流体仿真软件 ICEM，简化罐体和喷嘴外部固体结构，建立 Ansys 仿真喷丝结构三维运动模型如图 5.1 所示。

模型中创建有喷嘴出口、溶液入口、喷嘴壁面和罐体壁面 4 个部分，罐体直径为 10mm，总体长度为 60mm，喷嘴直管部分长为 12mm。应用控制变量法建立一系

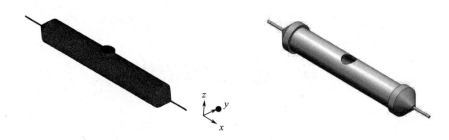

图 5.1　Ansys 仿真喷丝结构三维运动模型

列不同弯曲角度、弯管曲率半径和喷嘴直径的复合纺丝运动模型。采用非结构化网格划分方式，最大网格尺寸为 0.6mm。边界层选择六面体网格，初始高度设为0.01mm，增长比率为 1.1，一共分为 4 层。

　　复合纺丝运动模型边界条件主要有入口边界、出口边界、壁面、动网格和溶液流变参数。入口边界设为速度入口，水力直径为 6mm，出口边界设为压力出口，水力直径为 2mm。动网格设定为旋转参考系，旋转轴为 z 轴，旋转角速度为 4000r/min。壁面设置为移动壁面相对网格区域旋转速度为 0，旋转轴为 z 轴。

　　为研究喷嘴弯曲角度对喷嘴内纺丝溶液流场分布以及出口速率的影响，分别取弯管曲率半径为 8mm 和喷嘴直径为 1mm，并在 0°~90° 内选取喷嘴弯曲角度系列值并建立相应运动仿真模型，仿真模型结构参数见表 5.1。

表 5.1　仿真模型结构参数

弯管曲率半径（mm）	喷嘴直径（mm）	弯曲角度（°）	最大出口速度（m/s）
8	1	0	48.2
8	1	10.8	48.9
8	1	30	43.1
8	1	45	38.4
8	1	60	34
8	1	90	31.5

　　不同喷嘴弯曲角度下的出口流速云图如图 5.2 所示。

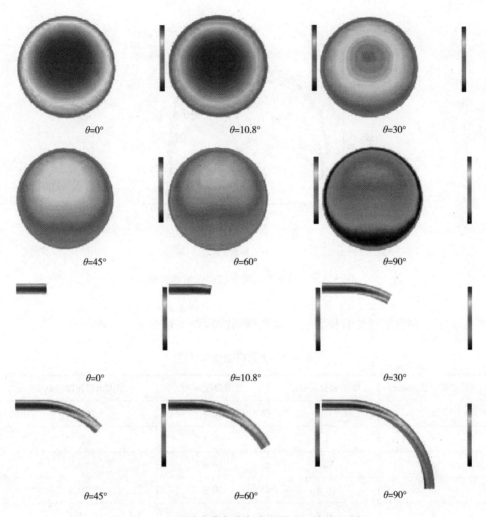

图 5.2　不同喷嘴弯曲角度下的出口流速云图

　　不同弯曲角度出口纺丝液速度分布如图 5.3 所示。

　　由图 5.3 可知，与其他角度相比，可以明显看到喷嘴弯曲角度为 10.8°时，径向出口速度最大出口速度集中在管轴处，流场的偏移量更小，速度也较大。随着弯曲角度的增大，流场分布逐渐偏移管轴，出口速度逐渐降低，这可能是由于弯曲角度导致径向长度的增加，导致摩擦力、黏性力等阻力在溶液流动过程中消耗了更多的能量。

　　为研究喷嘴直径对喷嘴内纺丝溶液流场分布以及出口速率的影响，分别取弯管弯曲角度为 10.8°和弯管曲率半径为 8mm，并在 0.5~1mm 内选取喷嘴弯曲角度

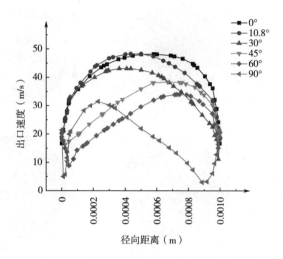

图 5.3　不同弯曲角度出口纺丝液速度分布

系列值建立相应运动仿真模型，仿真模型结构参数见表 5.2。

表 5.2　仿真模型结构参数

弯管曲率半径（mm）	喷嘴直径（mm）	弯曲角度（°）	最大出口速度（m/s）
8	0.5	10.8	173.9
8	0.6	10.8	119.2
8	0.7	10.8	89.8
8	0.8	10.8	70.6
8	0.9	10.8	57.7
8	1.0	10.8	48.9

不同喷嘴直径下出口流速云图如图 5.4 所示。

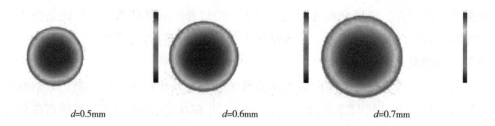

d=0.5mm　　　　d=0.6mm　　　　d=0.7mm

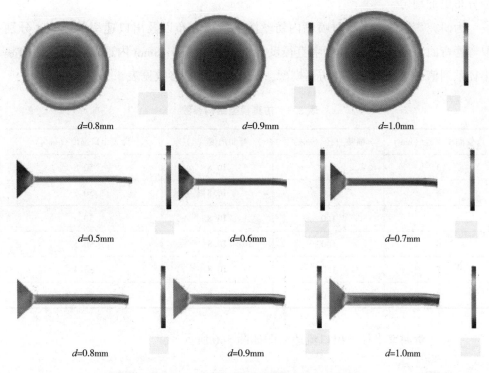

d=0.8mm　　　　d=0.9mm　　　　d=1.0mm

d=0.5mm　　　　d=0.6mm　　　　d=0.7mm

d=0.8mm　　　　d=0.9mm　　　　d=1.0mm

图 5.4　不同喷嘴直径下出口流速云图

不同喷嘴直径出口纺丝液速度分布如图 5.5 所示。

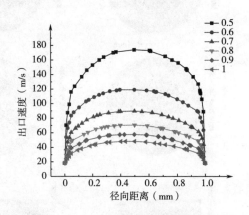

图 5.5　不同喷嘴直径出口纺丝液速度分布

由图 5.5 可知，喷嘴直径对溶液出口速度有重要影响，随着喷嘴直径的减小，溶液出口速度显著增大。较大的出口速度使射流拉伸运动更加充分，纳米纤维直

103

径分布更加均匀。

为研究弯管曲率半径对喷嘴内纺丝溶液流场分布以及出口速率的影响，分别取弯管弯曲角度为 10.8° 和喷嘴直径设为 1mm，并在 3~8mm 内选取喷嘴弯曲曲率半径系列值并建立相应运动仿真模型，仿真模型结构参数见表 5.3。

表 5.3　仿真模型结构参数

弯管曲率半径（mm）	喷嘴直径（mm）	弯曲角度（°）	最大出口速度（m/s）
3	1.0	10.8	50.8
4	1.0	10.8	50.7
5	1.0	10.8	50.6
6	1.0	10.8	50.5
7	1.0	10.8	50.4
8	1.0	10.8	48.9

不同弯管曲率半径下出口流速云图如图 5.6 所示。

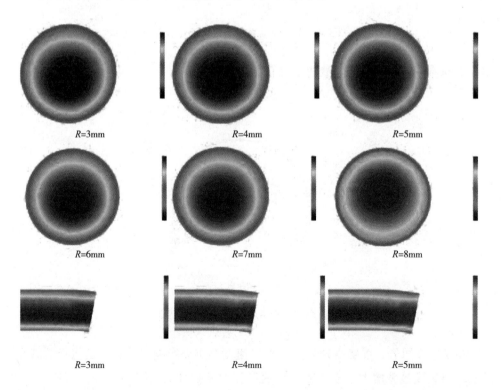

R=3mm　　　　　　R=4mm　　　　　　R=5mm

R=6mm　　　　　　R=7mm　　　　　　R=8mm

R=3mm　　　　　　R=4mm　　　　　　R=5mm

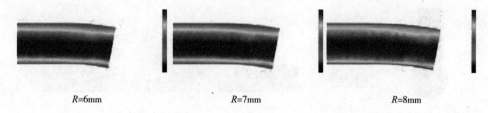

R=6mm　　　　　　　　R=7mm　　　　　　　　R=8mm

图 5.6　不同弯管曲率半径下出口流速云图

不同弯管曲率半径下出口纺丝液速度分布如图 5.7 所示。

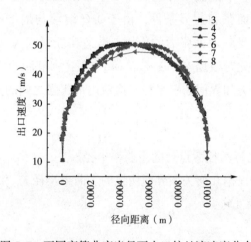

图 5.7　不同弯管曲率半径下出口纺丝液速度分布

由图 5.7 可以看出，弯管曲率半径与出口速度成反比，较大的弯管曲率半径会消耗更多动能，导致出口速度减小，但是随着弯管曲率半径的增大，出口速度分布偏移量减小，流场分布更加均匀，这对出口射流的稳定性是有利的。

5.1.2　微三角区球形液滴膨胀形变模拟

根据液滴挤出实验可以看出，由于纺丝溶液的高表面张力作用，在发生颈缩之前，纺丝溶液从喷嘴端口流出并在端口处形成半月板结构到逐渐膨胀成球形液滴。在溶液从喷嘴出口克服高表面张力挤出的过程中，流体运动速度较小，因此可忽略科氏力与黏滞力对液滴形态的影响，此时将溶液视为无黏不可压缩理想流体。在复合纺丝过程中，微三角区在膨胀阶段的形态在表面张力与离心力的作用下始终保持轴对称球形。建立微三角区液滴坐标系如图 5.8 所示。

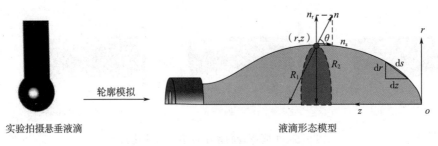

实验拍摄悬垂液滴　　　　　　　　液滴形态模型

图 5.8　微三角区液滴坐标系

在初始液滴阶段，溶液流动可近似属于小雷诺数的极慢流动，因此应用无黏不可压缩理想流体表面张力边界条件，由于纺丝溶液与周围空气存在气液界面，微三角区边界形态将受到表面张力的作用，若忽略能量损失与溶液在空气中之间的摩擦阻碍行为，则此时根据 Young-Laplace 方程，则液滴内部任意点压力与球形液滴半径以及表面张力和界面曲率半径与溶液内部压强之间的关系为：

$$p = \sigma \left(\frac{1}{R_1} + \frac{1}{R_2} \right) \tag{5.1}$$

式中：R_1、R_2 为界面任意点处的主曲率半径。

如图 5.8 所示，根据几何关系界面曲线的主曲率半径 R_1 和 R_2 可写为：

$$R_1 = \frac{r}{\sin\theta}; \quad R_2 = \frac{\mathrm{d}s}{\mathrm{d}\theta} \tag{5.2}$$

式中：s 为弧长；θ 为任意点 z 轴与自由面单位外法向向量 n 之间的夹角，其等于相应点微弧长 $\mathrm{d}s$ 与轴向微分变量 $\mathrm{d}z$ 的夹角；n 的径向分量 n_r 和轴向分量 n_z 分别可写为：

$$n_r = \frac{\dfrac{\mathrm{d}z}{\mathrm{d}r}}{\left[1 + \left(\dfrac{\mathrm{d}z}{\mathrm{d}r} \right)^2 \right]^{\frac{1}{2}}} \text{和} \ n_z = \frac{1}{\left[1 + \left(\dfrac{\mathrm{d}z}{\mathrm{d}r} \right)^2 \right]^{\frac{1}{2}}} \tag{5.3}$$

根据定义，则主曲率半径 R_1 和 R_2 可写为：

$$R_1 = \frac{r \left[1 + \left(\dfrac{\mathrm{d}z}{\mathrm{d}r} \right)^2 \right]^{\frac{1}{2}}}{\dfrac{\mathrm{d}z}{\mathrm{d}r}} \text{和} \ R_2 = \frac{\left[1 + \left(\dfrac{\mathrm{d}z}{\mathrm{d}r} \right)^2 \right]^{\frac{3}{2}}}{\dfrac{\mathrm{d}^2 z}{\mathrm{d}r^2}} \tag{5.4}$$

将上式代入自由面张力边界条件，即可得压力与位置之间的关系：

$$p = \sigma \left[\frac{\mathrm{d}z}{\mathrm{d}r}\left(1+\left(\frac{\mathrm{d}z}{\mathrm{d}r}\right)^2\right)+r\frac{\mathrm{d}^2z}{\mathrm{d}r^2} \right]\left[1+\left(\frac{\mathrm{d}z}{\mathrm{d}r}\right)^2\right]^{-\frac{3}{2}} \tag{5.5}$$

在忽略溶液黏度以及溶液速度的情况下，则仅考虑离心力与溶液表面张力的相互作用，根据上一节的液滴内部沿 z 轴的动量平衡可写为：

$$\frac{\partial p}{\partial z} = \rho\omega^2(L+z) \tag{5.6}$$

式中：L 为喷丝其旋转半径；z 为液滴整体长度，由于 $L \gg z$，因此沿 z 轴方向离心加速度沿液滴长度 z 的变化值可忽略。则积分上式后可液滴内部压强与溶液浓度、电动机转速以及喷丝器结构的关系：

$$p = \rho\omega^2 Lz + \sigma\left(\frac{1}{R_{10}}+\frac{1}{R_{20}}\right) \tag{5.7}$$

式中：R_{10} 与 R_{20} 为 $z=0$，$r=0$ 时点处的液滴曲率半径，即液滴顶点 o 处的液滴初始半径，由于液滴轴对称则此点处的两个主曲率半径 $R_{10}=R_{20}$，令：

$$b = \frac{1}{R_{10}} = \frac{1}{R_{20}} \tag{5.8}$$

并联立式（5.6）和式（5.7）以及式（5.8）最终可得：

$$\left[\frac{\mathrm{d}^2z}{\mathrm{d}r^2}+\frac{1}{r}\frac{\mathrm{d}z}{\mathrm{d}r}\left[1+\left(\frac{\mathrm{d}z}{\mathrm{d}r}\right)^2\right]\right] = \left[\rho\omega^2 Lz+2b\sigma\right]\left[1+\left(\frac{\mathrm{d}z}{\mathrm{d}r}\right)^2\right]^{\frac{3}{2}} \tag{5.9}$$

上式为理想无黏溶液低速情况下，轴对称液滴曲线边界微分方程，应用弧长坐标系可将上式化简为以弧长 s 为自变量的 4 个分量形式的常微分方程组：

$$\begin{cases} \dfrac{\mathrm{d}z}{\mathrm{d}s} = \sin\theta \\[2mm] \dfrac{\mathrm{d}r}{\mathrm{d}s} = \cos\theta \\[2mm] \dfrac{\mathrm{d}\theta}{\mathrm{d}s} = 2b+cz-\dfrac{\sin\theta}{r} \end{cases} \tag{5.10}$$

其中：

$$c = \frac{\rho\omega^2 L}{\sigma} \tag{5.11}$$

且在液滴顶点处存在：

$$\frac{\sin\theta}{r} = b, \quad s=0 \text{ 时} \tag{5.12}$$

上式应写为：

$$\frac{\mathrm{d}\theta}{\mathrm{d}s}=b,\ s=0\ \text{时} \tag{5.13}$$

对于上一节常微分方程组，式中 r、z 为因变量，s 为自变量，其中可设定边界条件为 $x\ (0) = z\ (0) = \theta\ (0) = 0$，上述方程组构成常微分方程的边值问题。本专著利用 matlab 平台中 ODE 方法进行数值求解。代入表 5.4 的 6% PEO 微三角区液滴形变仿真参数值，计算结果如图 5.9~图 5.12 所示。

表5.4　微三角区液滴形变仿真参数值

密度 ρ（g/cm^3）	0.9958
表面张力系数 σ（mN/m）	60.71
喷丝器长度 L（cm）	7
电动机转速 w（r/s）	40/60/80/100
液滴顶点半径系数 b（cm^{-1}）	10~100

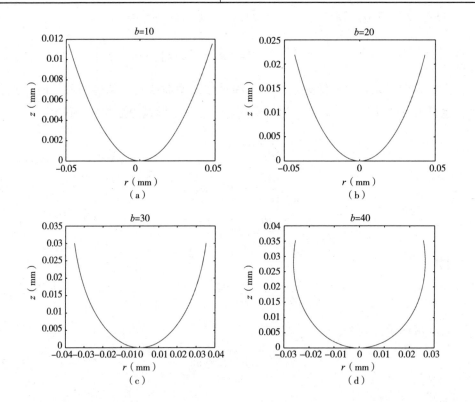

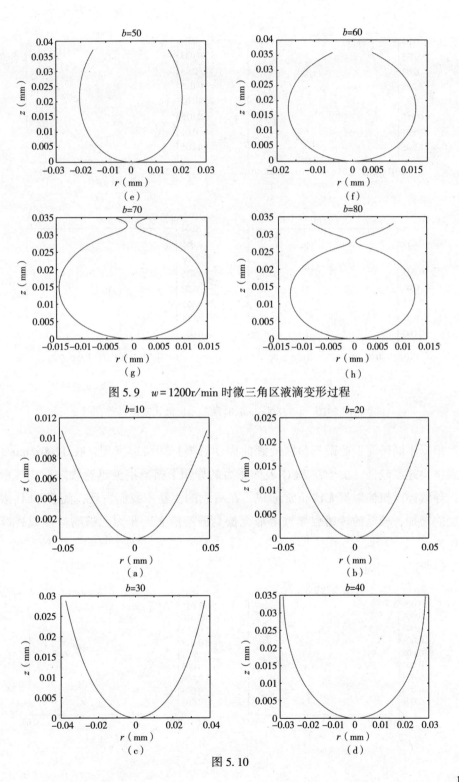

图 5.9　$w=1200\text{r}/\text{min}$ 时微三角区液滴变形过程

图 5.10

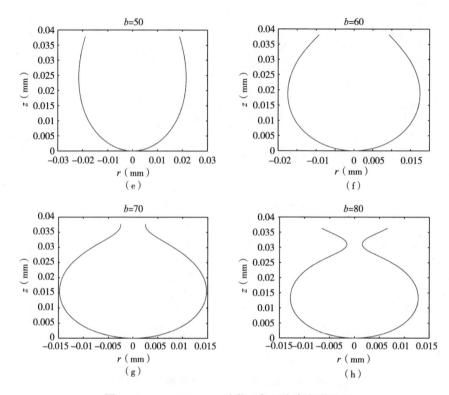

图 5.10 $w=1800\text{r/min}$ 时微三角区液滴变形过程

　　根据不同转速下的微三角区液滴曲面动态模拟图可以发现：在1200r/min下，液滴挤出速度较慢，由于在 PEO 表面张力的作用下挤出溶液迅速收缩形成球形液滴，导致连续拉伸射流无法正常形成，在后续的实验中我们发现，随着 PEO 溶液浓度的增加，较低的转速会导致溶液无法克服溶液表面张力在喷嘴口形成连续拉伸射流。

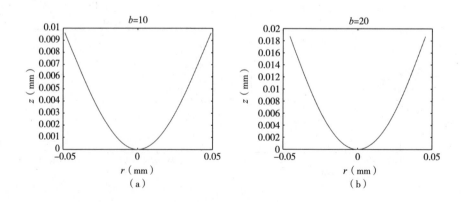

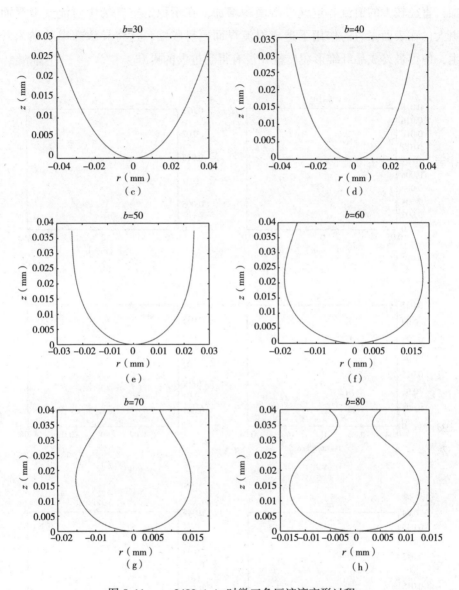

图 5.11 $w=2400\text{r/min}$ 时微三角区液滴变形过程

随着电动机转速的增加,液滴发生颈缩的半径显著变粗:3000r/min 时,在过大的离心力作用下 PEO 溶液迅速挤出,微三角区液滴颈缩与拉伸几乎同时发生,导致微三角区在初始射流阶段拉伸形成直径更大的连续射流纤维,大直径射流强度增加,在后续的连续拉伸运动中不易断裂,这将有助于纤维保持连续稳定的拉伸运动,最终得到连续且直径均匀的纳米纤维。然而,随着溶液浓度和喷嘴直径增加，直径较大的射流与空气接触面积增加，在不稳定空气场中射流气液界面波动更大，在表面张力的作用下造成射流界面更易收缩，这将导致珠串状纳米纤维产生，使得最终成品纤维形貌质量并没有得到过大的提升。

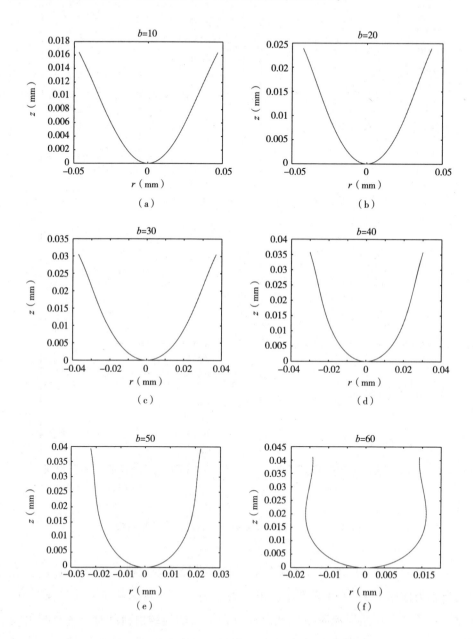

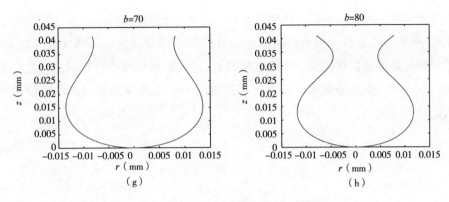

图 5.12　$w = 3000r/min$ 时微三角区液滴变形过程

5.1.3　初始射流气流场运动轨迹模拟

　　射流轨迹坐标系如图 5.13 所示，在射流任意点 (x, y, z) 取一段射流微元体，内部流速为 U，假设射流微元形态为高度 ds 且圆形截面半径为 R 的理想均匀圆柱体。因此，本专著从射流初始区域出发，给定射流运动的初始流量 Q_0、出口压力 p_0、喷嘴直径 d_0 以及射流初始夹角 θ_0，对射流轨迹求解计算，通过将射流轨迹简化为离散点运动，以离散点的微元体为研究对象，忽略微元体的表面张力与黏滞力，考虑射流在静止空气场中受到空气阻力与重力的作用，并认为空气阻力与射流微元质点速度方向相反，并随着射流扩散而逐渐增大。则射流轨迹可简化为 (x, z) 平面的运动。

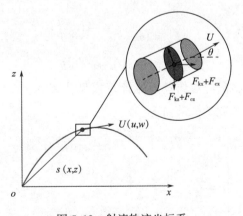

图 5.13　射流轨迹坐标系

　　$v(u, w)$ 为射流点微元体在 $r(x, z)$ 处的速度，F_c 为离心力，F_k 为科氏力，可以看出水射流在曲线运动过程中主要受到离心力 F_c 与科氏力 F_k 的作用，由于液滴流场形态得轴对称性，可将其流场与形态变化简化微 oxz 二维平面流场，如图 5.13 所示，考虑到科氏力对液滴的偏移作用，导致其形态不再关于 x 轴对称，为了求解此处液滴偏移距离，在任意时刻 t，将液滴整体看作刚性质点，在任意位置 (x, z) 时，速度分量为 (u, v)，则根据牛顿第二定律可知，单位质量 m 的射流微元动力方程为：

$$m \frac{\mathrm{d}u}{\mathrm{d}t} = F_{cx} + F_{kx} \tag{5.14}$$

$$m \frac{\mathrm{d}v}{\mathrm{d}t} = F_{cz} + F_{kz} \tag{5.15}$$

轨迹 s 与水平方向的夹角 α 为：

$$\alpha = \arccos\left(\frac{z}{\sqrt{x^2 + z^2}}\right) \tag{5.16}$$

根据定义速度 U 与水平方向 x 轴的夹角为 θ 可表示为：

$$\theta = \arccos\left(\frac{u}{\sqrt{u^2 + v^2}}\right) \tag{5.17}$$

其在液滴运动过程中，离心力沿 x 轴和 z 轴的分量为：

$$F_{cz} = mw^2 \sqrt{(x^2 + z^2)} \cos\alpha \tag{5.18}$$

$$F_{cx} = mw^2 \sqrt{(x^2 + z^2)} \sin\alpha \tag{5.19}$$

科氏力分量可写为：

$$F_{kz} = 2mw \sqrt{u^2 + v^2} \sin\theta \tag{5.20}$$

$$F_{kx} = 2mw \sqrt{u^2 + v^2} \cos\theta \tag{5.21}$$

根据上述讨论，将离心法纺丝射流计算模型代入式 (5.7)，并联立速度与位移微分关系，可得整体数学模型如下：

$$\begin{cases} \dfrac{\mathrm{d}u}{\mathrm{d}t} = w^2 \sqrt{(x^2 + z^2)} \cos\alpha + 2w \sqrt{u^2 + v^2} \sin\theta \\[2mm] u = \dfrac{\mathrm{d}x}{\mathrm{d}t} \\[2mm] \dfrac{\mathrm{d}w}{\mathrm{d}t} = w^2 \sqrt{(x^2 + z^2)} \sin\alpha + 2w \sqrt{u^2 + v^2} \cos\theta \\[2mm] v = \dfrac{\mathrm{d}z}{\mathrm{d}t} \end{cases} \tag{5.22}$$

式中：x、z 为因变量；t 为自变量。

上述方程组构成常微分方程的初值问题。研究利用 matlab 平台中的 simulink 仿真工具对流轨迹模型进行建模，通过给定的常微分方程与初值信息，采用经典四阶 Rung-Kutta 方法进行数值求解。射流轨迹初值问题表述如下：

$$y(x,\ z,\ u,\ v)' = f(t,\ y)\ ,\ y(0) = y(x_0,\ z_0,\ u_0,\ v_0) \tag{5.23}$$

则该问题的四阶 Rung-Kutta 计算公式可写为：

$$y_{i+1} = y_i + \frac{h}{6}(K_1 + 2K_2 + 2K_3 + K_4) \tag{5.24}$$

式中：K_1 为计算起点斜率；K_2 和 K_3 为计算时间步长中点斜率，分别由 K_1 和 K_2 根据欧拉法计算；K_4 为重点斜率；h 为时间不长，为了能够精确计算，本专著确定时间步长为 0.001s 较为合适。

为验证射流轨迹模型的可行性，本专著根据文献内容，设定一系列仿真初始参数，对流轨迹进行预测。初始条件参数见表 5.5。

表 5.5　微三角区初始射流仿真参数值

初始角度 θ（°）	0
初始位置 r	(0.1, 0)
电动机转速 w（r/s）	40/60/80/100
初始速度 v（m/s）	20

不同转速下射流轨迹计算结果如图 5.14 所示，随着转速的提高，射流旋转轨迹半径逐渐减小，射流速度逐渐增大。在相同下落高度时，射流最终的收集半径减小，这说明收集柱围绕半径应随着转速的提升而缩小，避免纳米纤维无法被及时收集。

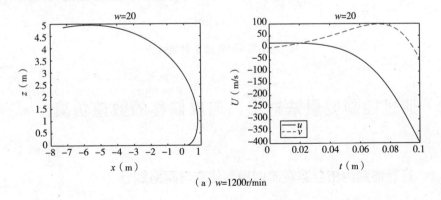

（a）w=1200r/min

图 5.14

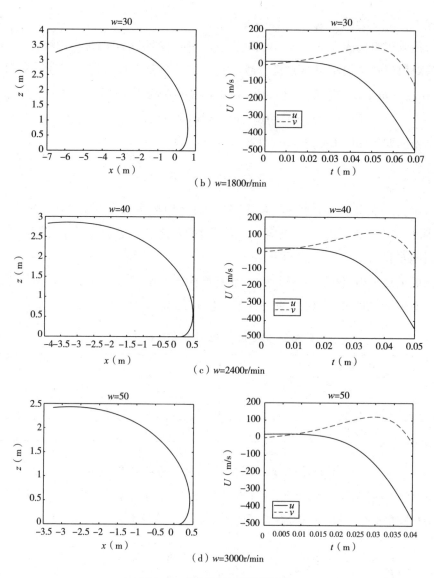

（b）w=1800r/min

（c）w=2400r/min

（d）w=3000r/min

图 5.14　不同转速下射流轨迹

5.2　通过控制变量法对出口速度偏移的数值仿真

5.2.1　直管喷嘴内纺丝溶液流域模型建立与网格划分

直管喷丝头的三维结构和直管喷嘴溶液流域模型如图 5.15 所示。图 5.15（a）

直管喷丝头三维模型包括直管喷嘴和罐体。对直管喷丝头内的溶液流动区域各部分边界在 ICEM 中进行命名，图 5.15 （b） 中罐体入口部分名为 Inlet，罐体和喷嘴缩口内壁面名为 Wall1，直管喷嘴直管内壁面名为 Wall2，直管喷嘴出口截面分别名为 Outlet1 和 Outlet2。

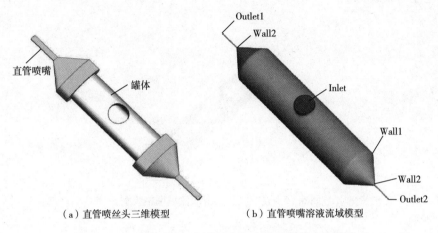

（a）直管喷丝头三维模型　　　　（b）直管喷嘴溶液流域模型

图 5.15　直管喷丝头的三维结构和直管喷嘴溶液流域模型

直管喷丝头结构参数均以表 5.6 中各结构尺寸为准，主要包含罐体的入口直径 D_0、罐体长度 $2L_0$、罐体内径 D_1、喷嘴的缩口段长度 L_1、喷嘴直管部分长度 L_2 以及喷嘴直管内径 D_2。各结构尺寸范围取值见表 5.6。考虑到零件加工的方便以及零件整体重量的限制，将结构参数中的罐体入口直径 D_0、罐体长度 $2L_0$ 以及罐体内径 D_1 三个参数设置为定值。对流域模型进行 ICEM 处理后，就需要对聚合物纺丝溶液流域模型进行网格分化，以便采用有限元的思想求解溶液的流动状态。

表 5.6　直管喷丝头结构参数范围

序号	参数项目	符号	范围
1	罐体入口直径（mm）	D_0	12
2	罐体内部、喷嘴入口直径（mm）	D_1	24
3	罐体长度（mm）	$2L_0$	90
4	出口直径（mm）	D_2	0.6~1
5	喷嘴长度（mm）	L_1	15
6	喷嘴直管长度（mm）	L_2	0~20

采用非结构化网格对纺丝溶液流域模型进行网格划分，网格结构为四面体网格，直管喷丝头溶液流域网格模型如图 5.16 所示。直管部分的最大网格尺寸设置为 0.1mm，罐体和喷嘴缩口处的最大网孔尺寸设置为 0.2mm。边界层均设置为三层，其中罐体和喷嘴缩口处的边界层每层厚度设为 0.02mm，直管部分的边界层每层厚度设为 0.005mm。

图 5.16　直管喷丝头溶液流域网格模型

5.2.2　弯管喷嘴内纺丝溶液流域模型建立与网格划分

弯管喷丝头的三维结构和弯管喷嘴溶液流域模型如图 5.17 所示。图 5.17（a）弯管喷丝头包括弯管喷嘴和罐体。对弯管喷丝头内的溶液流域各部分边界在 ICEM 中进行命名，图 5.17（b）中罐体入口部分名为 Inlet，罐体和喷嘴缩口内壁面名为 Wall1，弯管喷嘴直管和弯管内壁面名为 Wall2，两端弯管喷嘴出口截面，分别名为 Outlet1 和 Outlet2。

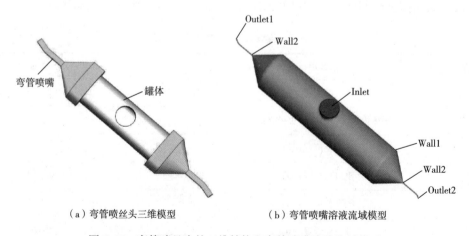

（a）弯管喷丝头三维模型　　　　　（b）弯管喷嘴溶液流域模型

图 5.17　弯管喷丝头的三维结构和弯管喷嘴溶液流域模型

弯管喷丝头结构参数均以表 5.7 中各结构尺寸为准，主要包含罐体的入口直径 D_0、罐体长度 $2L_0$、罐体内径 D_1、喷嘴的缩口段长度 L_1、喷嘴直管部分长度 L_2、喷嘴直管内径 D_2、弯管曲率半径 R 以及弯曲角度 θ。各结构尺寸范围取值见表 5.7。同样的，将结构参数中的罐体入口直径 D_0、罐体长度 $2L_0$、罐体内径 D_1 以及喷嘴长度 L_1 四个参数设置为定值。

表 5.7　弯管喷丝头结构参数范围

序号	参数项目	符号	范围
1	罐体入口直径（mm）	D_0	12
2	罐体内部、喷嘴入口直径（mm）	D_1	24
3	罐体长度（mm）	$2L_0$	90
4	出口直径（mm）	D_2	0.6~1
5	喷嘴长度（mm）	L_1	15
6	直管长度（mm）	L_2	0~20
7	弯管曲率半径（mm）	R	6~10
8	弯曲角度（°）	θ	0~90

采用非结构化网格对纺丝溶液流域模型进行网格划分，网格结构为四面体网格，直管喷丝头溶液流域网格模型如图 5.18 所示。弯管部分的最大网格尺寸设置为 0.1mm，罐体和喷嘴缩口处的最大网孔尺寸设置为 0.2mm。边界层均设置为三层，其中罐体和喷嘴缩口处的边界层每层厚度设置为 0.02mm，弯管部分的边界层每层厚度设置为 0.005mm。

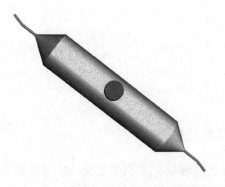

图 5.18　直管喷丝头溶液流域网格模型

5.2.3　离心纺丝喷嘴模型的仿真设置

高速离心纺丝运动模型的边界条件主要包括四个方面：入口边界为速度入口，水力直径设置为 12mm；出口边界为压力出口，水力直径设置为不同喷嘴的相应出口直径；动态网格设置为旋转参考系统，旋转轴为 Z 轴，以及旋转角速度初始值设置为 1000 r/min，在初始值的基础上每次增加 500r/min，最大值为 4000r/min。喷嘴内纺丝溶液运动仿真过程如图 5.19 所示。

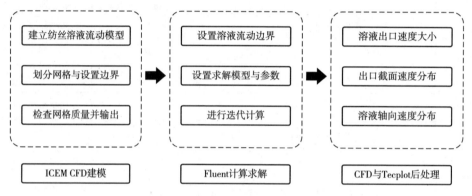

图 5.19　喷嘴内纺丝溶液运动仿真过程

由于在弯管流道中存在迪恩二次流，且迪恩涡存在着旋流流动特性，采用标准的 $k—\varepsilon$ 模型对仿真结果的精确性会产生较大的偏差，因此需采用对其进行了旋流修正且处理二次流更为有效的 Realizable $k—\varepsilon$ 模型，其湍流动能传输方程为：

k 方程：

$$\frac{\partial}{\partial t}(\rho k)+\frac{\partial}{\partial x_i}(\rho k u_i)=\frac{\partial}{\partial x_i}\left[\left(\mu+\frac{\mu t}{\sigma_k}\right)\frac{\partial k}{\partial x_i}\right]+G_k+G_b-\rho\varepsilon-Y_M+S_k \tag{5.25}$$

ε 方程：

$$\frac{\partial}{\partial t}(\rho\varepsilon)+\frac{\partial}{\partial x_i}(\rho\varepsilon u_i)=\frac{\partial}{\partial x_j}\left[\frac{\partial\varepsilon}{\partial x_j}\left(\mu+\frac{\mu t}{\sigma_\varepsilon}\right)\right]+\rho C_1 S_\varepsilon-\rho C_2\frac{\varepsilon^2}{k+\sqrt{v\varepsilon}}+ \tag{5.26}$$

$$C_{1\varepsilon}C_{3\varepsilon}C_b\frac{\varepsilon}{k}+S_\varepsilon$$

5.2.4　溶液运动仿真与结果分析

在对仿真模型进行前处理后，采用浓度为 5%（质量分数）的 PEO 纺丝溶液数据，对直管和弯管喷嘴中影响速度大小和速度分布的结构参数进行分析。对于直管喷嘴，通过改变直管长度、出口直径和转速三个参数，探究其对直管内溶液速度和速度偏移的影响。对于弯管喷嘴，探究了出口直径、转速、弯管曲率半径和弯管弯曲角度四个参数对速度和速度偏移的影响。

在直管喷嘴的直管部分存在速度偏移现象，为了研究影响偏移程度的参数，通过控制变量的方法对其进行数值仿真。考虑的参数以及范围见表 5.8。

表 5.8　仿真参数以及范围

序号	参数项目	符号	范围
1	罐体入口直径（mm）	D_0	12
2	罐体内部、喷嘴入口直径（mm）	D_1	24
3	罐体长度（mm）	$2L_0$	90
4	喷嘴长度（mm）	L_1	15
5	直管长度（mm）	L_2	0, 5, 15, 20
6	出口直径（mm）	D_2	0.6, 0.8, 1.0
7	转速（r/min）	w	1000, 2500, 4000

图 5.20 为 $w = 2500\text{r/min}$、$D_2 = 0.8\text{mm}$ 时不同直管长度对应的速度云图，从出口截面的速度云图可以清晰地看出随着直管长度的增加，出口速度偏移程度越强。由于溶液偏移云图具有对称性，通过对四个出口截面在水平方向上的速度统计，如图 5.23（a）所示，随着直管长度的增加，除偏移程度增强之外，出口速度也增加了。

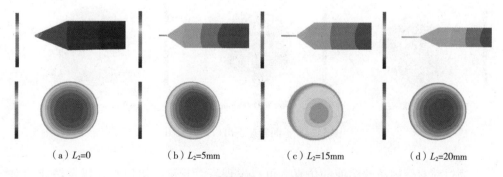

（a）$L_2=0$　　　（b）$L_2=5\text{mm}$　　　（c）$L_2=15\text{mm}$　　　（d）$L_2=20\text{mm}$

图 5.20　不同直管长度对应的速度云图

图 5.21 为 $w = 2500 \mathrm{r/min}$、$L_2 = 20\mathrm{mm}$ 不同直管出口直径对应的速度云图，从出口截面的速度云图可以发现随着直管出口直径的增加，出口速度偏移程度基本上没有变化，但是出口速度随着出口直径的增加而减小。图 5.23（b）为其出口截面的速度统计图，随着出口直径的减小，出口速度会增加，但偏移程度基本不变。

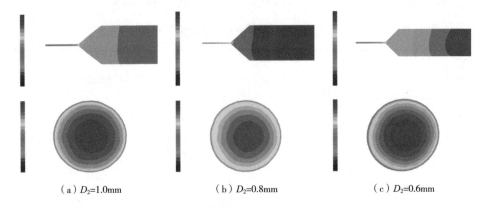

（a）$D_2 = 1.0\mathrm{mm}$　　　　　（b）$D_2 = 0.8\mathrm{mm}$　　　　　（c）$D_2 = 0.6\mathrm{mm}$

图 5.21　不同直管出口直径的速度云图

图 5.22 为 $D_2 = 0.8\mathrm{mm}$、$L_2 = 20\mathrm{mm}$ 时不同转速对应的速度云图，图 5.23（c）是其速度统计。随着电动机转速的增加，不仅溶液出口速度增加，而且速度偏移的程度也增加，这说明转速对于速度大小和速度偏移均起着重要影响。

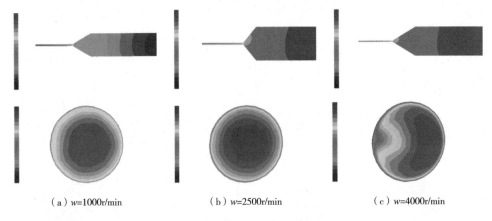

（a）$w = 1000\mathrm{r/min}$　　　　　（b）$w = 2500\mathrm{r/min}$　　　　　（c）$w = 4000\mathrm{r/min}$

图 5.22　不同转速下出口速度云图

通过对直管内纺丝溶液的仿真，可以发现直管长度、出口直径以及转速均对纺丝溶液速度大小和偏移有所影响，而对速度偏移影响程度最大的为电动机转速，

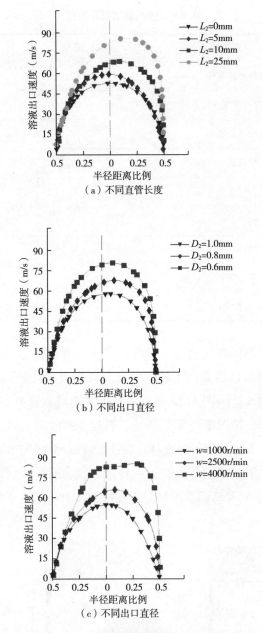

图 5.23   不同参数下出口水平直径速度统计图

其次是直管长度，而出口直径的变化对速度偏移影响程度不显著。

在弯管喷嘴的直管部分以及弯管部分均存在着速度偏移现象，为了研究影响偏移程度的参数，通过控制变量的方法对其进行数值仿真。仿真参数以及范围见表5.9。

表 5.9   仿真参数以及范围

序号	参数项目	符号	范围
1	罐体入口直径（mm）	D_0	12
2	罐体内部、喷嘴入口直径（mm）	D_1	24
3	罐体长度（mm）	$2L_0$	90
4	喷嘴长度（mm）	L_1	15
5	直管长度（mm）	L_2	15
6	出口直径（mm）	D_2	0.6, 0.7, 0.8, 0.9, 1.0
7	转速（r/min）	w	1500, 2500, 3500
8	弯管曲率半径（mm）	R_0	6, 7, 8, 9, 10
9	弯曲角度（°）	θ_0	0, 5, 10, 15, 30

分析不同转速、不同弯曲角度、弯管曲率半径和出口直径下的流场模型。以沿轴向的速度梯度和出口横截面上的速度分布为准则，验证了灰狼算法优化的最佳参数是否正确。图 5.24~图 5.27 分布显示了在出口直径 0.6mm、弯曲角度 10°和弯管曲率半径 10mm 情况下的不同转速；转速 2500r/min、弯曲角度 10°和弯管曲率半径 10mm 情况下的不同出口直径；转速 2500r/min、出口直径 0.6mm 和弯管曲率半径 10mm 情况下的不同弯曲角度；转速 2500r/min、弯曲角度 10°和出口直径 0.6mm 情况下的不同弯管曲率半径沿管轴速度云图和速度分布。

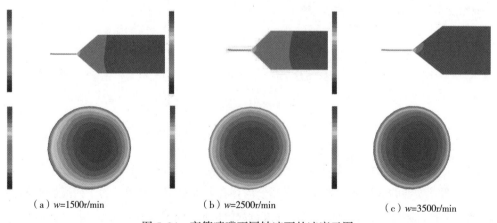

（a）w=1500r/min   （b）w=2500r/min   （c）w=3500r/min

图 5.24   弯管喷嘴不同转速下的速度云图

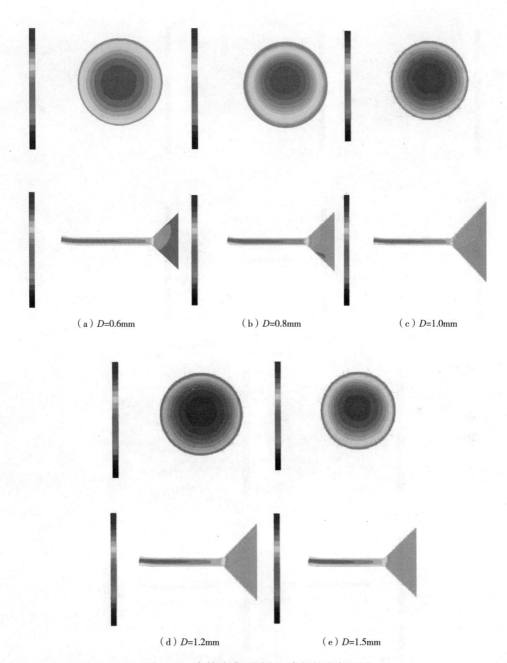

（a）D=0.6mm　　　　　　　　（b）D=0.8mm　　　　　　　　（c）D=1.0mm

（d）D=1.2mm　　　　　　　　（e）D=1.5mm

图 5.25　弯管喷嘴不同出口直径的速度云图

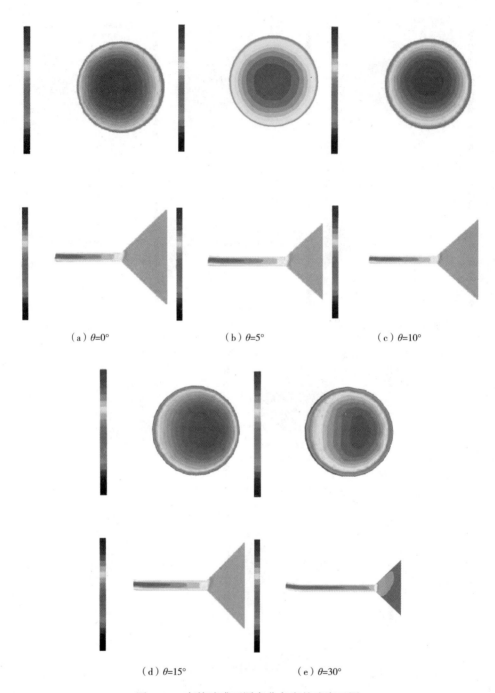

（a）$\theta=0°$　　　　　（b）$\theta=5°$　　　　　（c）$\theta=10°$

（d）$\theta=15°$　　　　　（e）$\theta=30°$

图 5.26　弯管喷嘴不同弯曲角度的速度云图

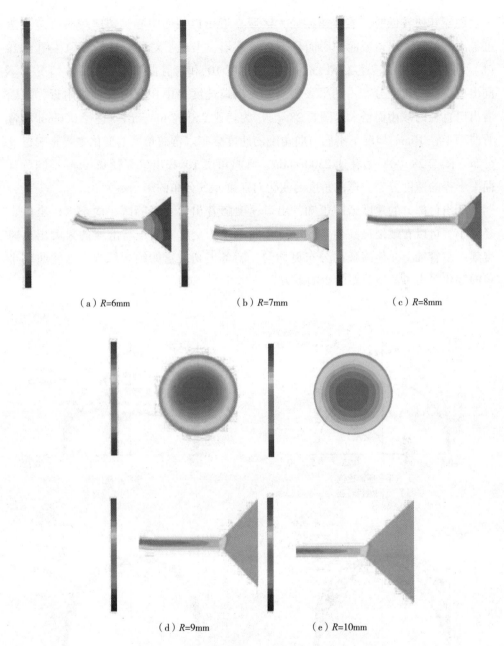

（a）R=6mm　　　　　　（b）R=7mm　　　　　　（c）R=8mm

（d）R=9mm　　　　　　（e）R=10mm

图 5.27　弯管喷嘴不同弯管曲率半径的速度云图

通过图 5.24～图 5.27 的速度云图分析了出口截面水平直径线上的速度，图 5.28（a）为出口直径 0.6mm、弯曲角度 10° 和弯管曲率半径 10mm 情况下不同转速的速度分布。随着转速的增加，溶液出口速度逐渐增加。结合图 5.24 可以清楚地发现当转速较低时，溶液速度最大区域靠近出口截面中心，转速较高时溶液速度最大区域远离出口截面中心而且不再呈圆形，出现了对称分散的现象。图5.28（b）清楚地描述了转速2500r/min、弯曲角度10°和弯管曲率半径10mm情况下不同出口直径的速度分布。结果表明，最大出口速度集中在弯曲管轴线附近，且随着出口直径的减小而增大。图5.28（c）为转速2500r/min、出口直径0.6mm和弯管曲率半径10mm情况下不同弯曲角度的速度分布。弯曲角度的变化主要影响速度分布。图5.28（d）为转速2500r/min、弯曲角度10°和出口直径0.6mm不同弯管曲率半径的速度分布。弯曲角度的变化对速度及其分布的影响不大。

从出口部分的速度云图可知，出口速度随着出口直径的减小而增大。出口直径较小，可以有效地提高生产效率。弯曲角度的变化有效地将溶液的最大出口速度集中在管轴上，使溶液的分布更均匀，制备出高质量的纳米纤维。弯管曲率半径的变化对出口速度分布的影响不大。

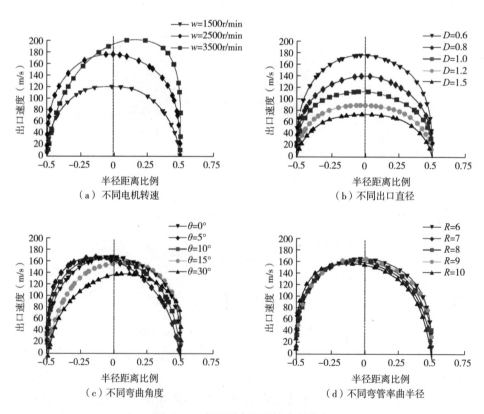

图5.28　在不同参数下的速度分布

5.3　滑移模型的建立与数值仿真

5.3.1　微三角区模型建立与网格划分

高速离心复合纺丝的喷嘴和罐体实体模型结构如图 5.29（a）所示，两种纺丝溶液被加入到左右两个罐体中后，通过变频器控制电动机，纺丝溶液在罐体内向两端喷嘴流动，两种纺丝溶液在喷嘴处共同喷射形成复合纳米纤维，因此两种溶液同时射流的运动模型主要考虑纺丝溶液在喷嘴内的分布情况。高速离心复合纺丝溶液在罐体及喷嘴的 ICEM 流域模型如图 5.29（b）所示。流域模型的参数按照离心复合纺丝装置的实际尺寸进行设置，主要参数为：罐体的长度为 100mm；内部直径为 22mm；中间隔层厚度为 1mm；罐体顶部进料口直径为 8mm，进料口的直径在模拟中只起到边界条件的作用；两端喷嘴长度为 5mm，喷嘴直径为 2mm。

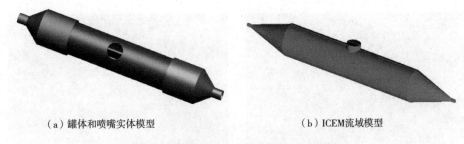

（a）罐体和喷嘴实体模型　　　　　　　　　　（b）ICEM流域模型

图 5.29　高速离心复合纺丝罐体和喷嘴模型

对纺丝溶液流域进行网格划分前需要在 ICEM 中进行拓扑检查，保证流域整体封闭性，对各部分边界条件进行命名，分别为：流域模型顶端的 Inlet1 和 Inlet2 如图 5.30 所示，罐体壁面、隔层、喷嘴壁面整体设为 Wall，两个出口设为 Outlet。

离心复合纺丝喷嘴溶液流动模型用于模拟纺丝溶液在高速旋转下的运动状态，在流域模型网格划分中选用非结构化网格，网格结构均为四面体结构，采用非结构化网格无须思考几何拓扑结构，只须选取适当尺寸即可自动生成网格，因此在结构较为复杂的模型中非结构化网格可作为首选。本次仿真中对流域模型的不同区域在 ICEM 网格工具中进行非结构化网格划分，由于喷嘴处直径仅为 2mm，为保证模型整体网格划分质量，将整体网格的最大网格尺寸设置为 0.2mm。离心复合纺丝溶液流动区域的网格划分如图 5.30 所示。

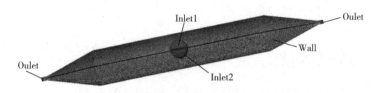

图 5.30　离心复合纺丝溶液流动区域的网格划分

在离心复合纺丝中选用的聚合物溶液是一种非牛顿流体，在流动过程中会形成与壁面紧贴的流动薄层，其中摩擦起着主要作用，这个薄层也是壁面滑移发生的位置，理论上会形成湍流边界层，因此在三维模型中边界层的设计也起到至关重要的作用。本次模拟选择使用六面体边界层网格，选择入口和出口壁面，将边界层层数设为 2，厚度为 0.2mm，厚度比率为 1%，完成设置后自动生成边界层网格，图 5.31 为入口和出口边界层网格局部视图。

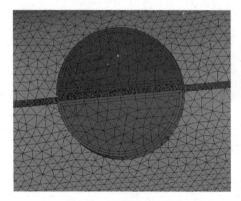
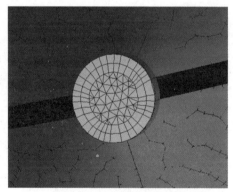

（a）入口区域网格与边界层　　　　　（b）出口区域网格与边界层

图 5.31　入口和出口边界层网格局部视图

完成上述设置后，需要对划分的非结构化网格进行质量检查，查看网格质量是否符合仿真需求。在 ICEM 中通过 Edit Mesh 检查网格质量，对网格综合质量的度量标准是越接近 1 说明网格质量越好。从图 5.32 可以看出最小的网格质量为 0.01448，综合网格质量全部大于 0，其中 80% 的网格质量大于 0.3。由于该模型采用非结构化网格划分，在网格质量上低于结构化网格划分，而结构化网格在模型的一些连接处并不能够满足划分要求。综上所述本次模型网格划分质量较好，完全能够满足本次仿真要求，最后通过 Output Mesh 将模型导出。

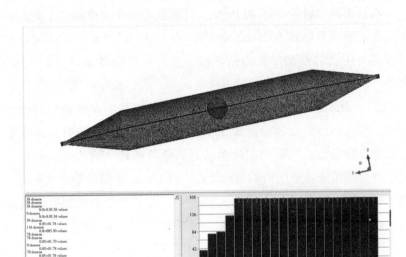

图 5.32　离心复合纺丝模型网格质量图

5.3.2　离心复合纺丝喷嘴模型的仿真设置

为了研究离心复合纺丝喷嘴内溶液流动规律，使用 Ansys 中 Fluent 软件进行喷嘴内纺丝溶液流动模拟仿真。利用 Fluent 软件进行喷嘴内纺丝溶液流动仿真过程如图 5.33 所示。在仿真过程中，纺丝溶液在喷嘴内的边界条件设置与求解参数设置将直接影响仿真结果的精度以及仿真的真实性，设置与实际操作和理论相符的边界条件有助于更加真实地模拟纺丝溶液在喷嘴内的流动规律。

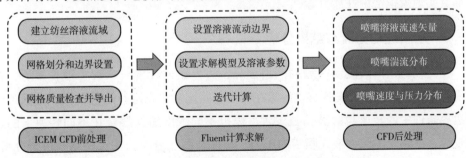

图 5.33　喷嘴内纺丝溶液流动仿真过程

在模拟两种聚合物溶液在喷嘴内的流动过程中，运用到多相流模型，多相流模型就是流体在喷嘴内的流动中有两种或是两种以上的不同物质同时存在的一种流体，本次模拟属于多相流中的分层自由流动，由明显的分界面隔开的非混合流体流动。本次选用的材料为 PA6 和 PA66，其纺丝溶液在室温条件下是两种非牛顿流体，因此在求解设置时需在 Multiphase Model 中采用 Volume of Fluid（VOF）进行多相流设置。主要的模型设置包括流域模型的入口边界条件、出口边界条件、壁面边界条件、定义材料属性、设置流体区域等，具体操作设置如下：

（1）将网格划分完成的模型导入 Fluent 中，对模型的单位进行修改，检查网格质量，由于喷嘴内的聚合物溶液属于非牛顿流体，其黏度随剪切速率的变化而变化，因此聚合物溶液在喷嘴内的流动状态随电动机转速的改变而变化，为了更真实地模拟聚合物溶液在喷嘴内的流动状态，将 Fluent 中聚合物溶液的流动设置为瞬态流动，重力沿 y 轴负方向大小为 $9.81 \mathrm{m/s}^2$，为了更好地模拟壁面与混合层附近的湍流，选用 RNG k-epsilon（k—ε）湍流模型。

（2）模型的选择。在 Multiphase Model 中选取 VOF 模型，在 Number of Phases 选项下面的数值为 2。

（3）入口边界条件。将两个速度入口边界条件定义为 $1 \mathrm{m/s}$，压力入口边界条件为大气压强。

（4）出口边界条件。出口边界条件设为压力出口，本次实验环境均在常温常压下进行，因此将压力出口设为 0atm❶。

（5）壁面边界条件。在整个离心纺丝过程中，壁面也在随着喷嘴一同转动，因此将壁面设为 Moving Wall。

（6）溶液参数设置。模拟中选用质量分数为 15%~20%的聚酰胺溶液，不同浓度聚酰胺纺丝溶液的物理性质由实验直接测得，将流变指数 n 和黏稠系数 k 输入，更加真实地模拟溶液性质。

5.3.3　溶液运动仿真与结果分析

在完成纺丝溶液流动区域的网格划分、边界条件设置与求解参数设置后，对浓度为 15%~20%的聚酰胺纺丝溶液在喷嘴内的流动状态进行迭代仿真，并通过改变边界条件中的转速与溶液参数设置，模拟不同浓度纺丝溶液在不同转速下的运动规律，得到聚酰胺溶液在喷嘴内压力、速度和湍流分布云图，将结果进行分析，验证喷嘴微三角区滑移的存在。

采用浓度为 18%的聚酰胺纺丝溶液，在 2000r/min 的转速下进行离心复合纺丝

---

❶　1atm = 101.325kPa。

运动仿真，两种聚合物溶液在喷嘴内不同时刻的流速仿真结果如图 5.34 所示。图 5.34 （a） ~ （d） 分别是聚酰胺 6 和聚酰胺 66 两种聚合物溶液在 0.5s、1.0s、1.5s、2.0s 时的流速分布。由仿真结果可得：两种聚合物溶液从不同的罐体进入喷嘴内形成两个速度中心，在 0.5s 时溶液刚进入喷嘴，因此流速最大处在中心位置的下方，随着仿真时间的延长，两种聚合物溶液充满整个喷嘴，核心层流速与壁面层流速差异逐渐增大，属于射流不稳定阶段，此时聚合物溶液在微三角区发生液—壁滑移。当仿真时间达到 1.5s 时，喷嘴内溶液的流速趋于稳定，达到射流稳定阶段，核心层与壁面层的流速差异也逐渐减小，随着时间的延长喷嘴内聚合物溶液的分布也趋于稳定。

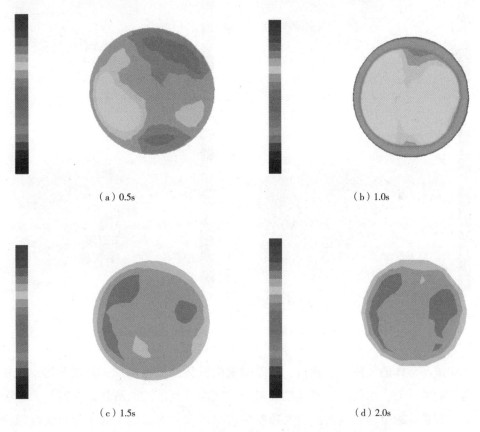

（a）0.5s　　　　　　　　　　　　　　（b）1.0s

（c）1.5s　　　　　　　　　　　　　　（d）2.0s

图 5.34　2000r/min 下喷嘴溶液在不同时刻的流速仿真结果

为了探究制备形貌最佳的复合纳米纤维参数，采用质量分数为 18% 的聚酰胺纺丝溶液，在 2500r/min 的转速下进行离心复合纺丝运动仿真，两种聚合物溶液在喷嘴内不同时刻的流速仿真结果如图 5.35 所示。相同浓度的纺丝溶液随着电动机转速的增加，剪切速率也逐渐增大，在 0.3s 时出现聚合物溶液与壁面的流速差异，随着仿真时间延长，流速差异更为明显，因此随着电动机转速增大，喷嘴溶液进入射流不稳定阶段提前，当喷嘴内聚合物溶液达到射流稳定阶段时，聚合物溶液分布状态优于 2000r/min。

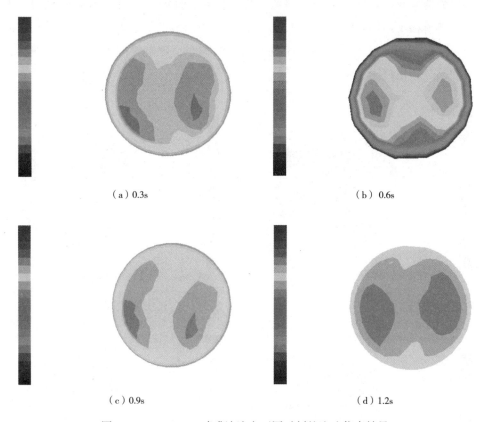

(a) 0.3s

(b) 0.6s

(c) 0.9s

(d) 1.2s

图 5.35　2500r/min 喷嘴溶液在不同时刻的流速仿真结果

　　湍流是流体的一种流动状态，随着喷嘴内流体的流速增加，流线开始出现横向与纵向的脉动，因此为了研究喷嘴微三角区聚合物溶液的滑移需要对湍流的分布进行分析。湍流动能越大，说明速度波动也越大，滑移的本质是聚合物溶液之间由于速度差异造成的相对滑动，这也从侧面验证了喷嘴微三角区滑移的存在。

　　采用浓度为 18% 的聚酰胺纺丝溶液，研究在不同转速下模拟喷嘴溶液湍流分布，图 5.36（a）～（d）分别是在 1000r/min、1500r/min、2000r/min、2500r/min 转速下湍流在喷嘴内的分布状况。在低转速情况下，湍流分布集中在喷嘴壁面附近，如图 5.36（a）和（b）所示，表明在相同浓度下随着转速增加先发生壁面黏附层与核心层的滑移，此时两种溶液的混合层处未发生滑移。随着转速增加到 2000r/min 时，在两种聚合物溶液混合层处开始出现湍流，如图 5.36（c）所示，当转速增加到 2500r/min 时［图 5.36（d）］，表明喷嘴微三角区壁面与混合层之间都有湍流分布，存在微三角区滑移现象。因此可得微三角区滑移与转速有密切关系，随着转速增加先发生液—壁滑移，再发生液—液界面滑移。

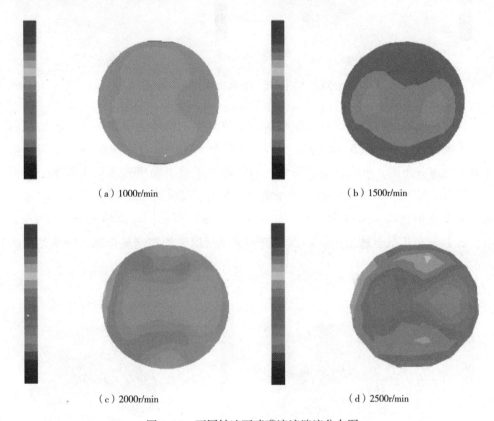

（a）1000r/min

（b）1500r/min

（c）2000r/min

（d）2500r/min

图 5.36 不同转速下喷嘴溶液湍流分布图

探究浓度对喷嘴内聚合物溶液分布的影响，图 5.37（a）、（b）分别为 2000r/min 转速下浓度为 15% 和 18% 的聚酰胺溶液的流速分布图。由仿真结果可知：在低浓度时随着剪切速率的增大聚合物溶液黏度降低，在喷嘴内的流动性增强，其流速分布不再集中，如图 5.37（a）所示。当浓度增加时其黏度也会随着剪切速率的增大而减小，但喷嘴内聚合物溶液流速分布更为集中，如图 5.37（b）所示，因此可以制备出形貌更佳的复合纳米纤维。

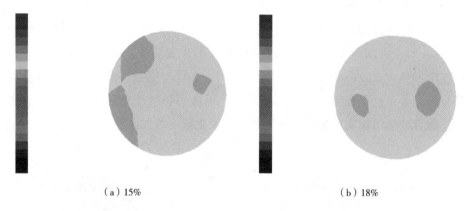

（a）15%　　　　　　　　　　（b）18%

图 5.37　不同浓度的喷嘴溶液流速分布图

　　保持相同浓度的纺丝溶液与喷嘴参数，改变电动机转速观察两种纺丝溶液在喷嘴内的流速分布，图 5.38（a）、（b）分别为 2000r/min 与 2500r/min 转速下喷嘴溶液流速分布图。由仿真结果可知：剪切速率随着电动机转速增大而增大，聚合物溶液在喷嘴内的流动性也逐渐增大；当转速为 2000r/min 时，喷嘴内溶液的流速分布集中在两个速度中心处，如图 5.38（a）所示；转速增大至 2500r/min 时，流速分布扩散至壁面处，因此调节转速也可以达到控制复合纳米纤维结构的目的。

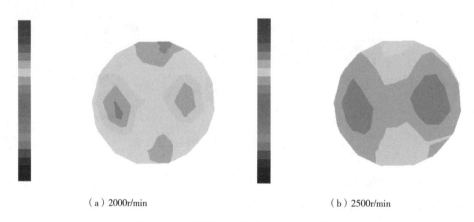

（a）2000r/min　　　　　　　　　（b）2500r/min

图 5.38　不同转速下喷嘴溶液流速分布图

　　为了探究制备复合纳米纤维的最大转速，使其在实际生产中可以制备更细的纤维，保持其他参数不变，不断增加转速，最终发现将转速设置为 4500r/min 时，喷嘴内聚合物溶液的分布受转速影响出现偏移，与科氏力加速度方向相同，极限射流运动喷嘴溶液分布如图 5.39 所示。

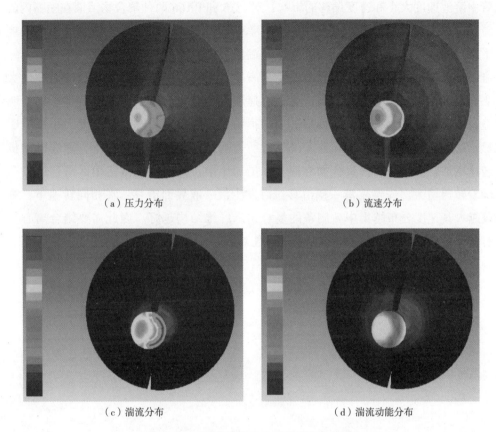

（a）压力分布　　　　　　　　　　（b）流速分布

（c）湍流分布　　　　　　　　　　（d）湍流动能分布

图 5.39　极限射流运动喷嘴溶液分布图

随着转速增大到极限射流转速时，浓度为 18% 的聚酰胺 6（PA6）与聚酰胺 66（PA66）的黏度随剪切速率的增大而降低到几乎相同，会发生两种溶液互溶出现的状况如图 5.39 所示。因此在制备复合纳米纤维时并不是转速越高越好，而是存在最佳的转速和浓度。

5.4　本章小结

本章仿真结果表明：随着喷嘴直径的减小，溶液出口速度显著增加；弯管曲率半径对喷嘴出口流速大小的影响较小；电动机转速对于微三角区的液滴形态变化影响显著；在对射流轨迹的仿真中，随着转速的提高，射流轨迹半径逐渐减小，射流速度逐渐增大。采用控制变量的方法讨论了转速、出口直径和直管长度对直管中溶液速度大小和速度偏移的影响；对 PA6 和 PA66 两种聚合物溶液在喷嘴内的流动过程进行模拟仿真，通过改变边界条件的设置达到模拟不同转速、不同浓度下聚酰胺溶液在喷嘴内的压力、流速和湍流分布，探究转速和浓度对复合纳米纤维制备以及微三角区滑移的影响。结果表明，在直管中转速和直管长度对速度大小和速度偏移均影响显著，出口直径对速度大小有所影响，对速度偏移影响不明显；转速对速度大小和速度偏移影响均很明显，出口直径对弯管速度大小影响明显，弯曲角度对速度大小和速度偏移有所影响，在相同浓度情况下，随着电动机转速增加，喷嘴内两种聚合物溶液分布更加集中；其次发现微三角区滑移的分布随着转速增大，先发生液—壁滑移，后发生液—液界面滑移；在相同转速下，浓度越大其速度分布越集中，制备的复合纳米纤维结构越好。因此需要结合离心复合纺丝试验探索复合纳米纤维制备的最佳参数。

第6章　多场耦合作用下的复合纺丝实验

　　第5章通过数值仿真的方式对微三角区、直管和弯管内纺丝溶液的流动状态、复合纺丝射流参数和纺丝溶液参数对复合纳米纤维形态结构和滑移的影响进行了分析。本章利用复合纺丝设备、高速摄像机、角接触仪和扫描电镜分别进行了复合纺丝实验、射流拉伸高速摄像实验以及液滴滴落实验，并在扫描电镜下观察制备的复合纳米纤维形貌变化和直径分布，探究了转速与溶液浓度对直管、弯管所制备纤维的影响，建立纳米纤维直径与射流参数间的关系，将实验数据与理论分析相互对比进行验证。

6.1　复合纺丝装置与实验溶液制备

6.1.1　双喷嘴离心纺丝装置与实验溶液制备

　　高速离心纺丝装置如图6.1所示，结构简单，主要由电动机、喷丝头〔图6.1

（a）复合离心纺丝装置　　　　　　　　　（b）喷丝头

图6.1　高速离心纺丝装置

（b）]、紧固件以及收集装置组成，纺丝装置如图 6.1（a）所示，通过变频调速实现设备高速旋转，最高可达 6000r/min。该离心纺丝实验设备由张智明课题组设计加工，配套喷嘴针头规格直径为 20~30G，搭配单一式、同心复合式与并列复合式纺丝罐体，可根据不同纺丝纤维要求，灵活实现多形态、多直径、多种材料高速离心纺丝。

未优化的直管喷嘴与优化后的弯管形喷嘴实物如图 6.2 所示。纺丝喷嘴由纺丝喷头与针管组成，通过更换不同类型的针管可以改变结构参数中直管长度 L_2、出口直径 D_2、弯曲角度 θ、曲率半径 R 等。

图 6.2　未优化的直管喷嘴与优化后的弯管喷嘴实物图

实验采用 PEO 作为纺丝原材料，该材料为白色无味的粉末状物质，具有良好的水溶性，且其水溶液无色、无毒、无刺激，生产过程中对实验者以及环境均友好，因此 PEO 溶液作为纺丝材料被广泛应用，在后续的纳米纤维电镜实验、溶液滴落实验以及高速摄像将利用高纯度 PEO 粉末与去离子水混合。为了使其溶解得更加快速，通常使用磁力搅拌器进行充分搅拌，并控制加热温度为 40℃，搅拌时间通常是 5~8h，所制备溶液的浓度越大，搅拌时间也就越长，利用不同的直径喷嘴进行纺丝。

6.1.2　复合纺丝实验装置与聚酰胺纺丝溶液制备

在实验中所用的离心复合纺丝装置由实验室人员绘图设计和自主研发组装而成，其主要结构由直流无刷电动机、联轴器、复合纺丝罐体、喷嘴、喷嘴盖、收集柱、收集网、变频器组成，其中，电动机选用直流无刷电动机，转速可由变频器在 0~9000r/min 进行调节，选用的喷嘴参数有内径为 30~27G（0.15~0.2mm），喷嘴长度为 0.5~4cm，喷嘴角度可选用 0°或 45°，调整电动机转速、选用不同规格的喷嘴即可制备不同参数条件的 PA 复合纳米纤维。

　　高速离心纺丝制备纳米纤维的原材料有很多,其中最为常见的高分子聚合物主要包括聚丙烯腈(PAN)、聚氧化乙烯(PEO)、聚酰胺(PA)、聚偏氟乙烯(PVDF)、聚氨酯(PU)等。本实验选用 PA6 和 PA66 作为实验材料,主要是由于溶解 PA6 和 PA66 的溶剂相同且它们的物理性质和化学性质也各有差异,例如,PA6 易着色,手感松软,但纤维的弹性较差;PA66 难以染色,手感密实,且纤维具有良好的弹性。两种聚合物溶液都表现出优异的流变性,适用于离心复合纺丝。实验所用的 PA 纺丝溶液是以不同浓度的 PA 粉末为溶质,以甲酸和乙酸按 2∶3 混合为溶剂,在室温下通过磁力搅拌机充分搅拌 3h 得到 15%~20% 的 PA6 溶液和PA66 溶液,最后进行离心复合纺丝实验。

6.2　复合纺丝实验

6.2.1　聚氧化乙烯溶液微管液滴挤出实验

　　由于高速离心纺丝过程中,微三角区溶液从挤出到拉伸时间过短,本实验的高速摄像机无法捕捉到在离心纺丝过程中微三角区完整的变化过程。因此,为了解实际的纺丝溶液在拉伸力作用下形态变化并实现其过程的可视化,本章设计了该液滴滴落实验,利用重力代替离心力,采用高级接触角测试仪拍摄悬垂液滴的滴落过程,液滴滴落实验装置示意图如图 6.3 所示。

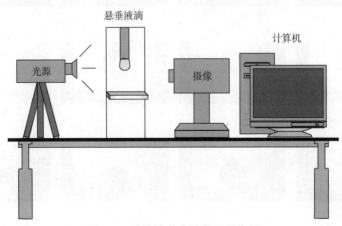

图 6.3　液滴滴落实验装置示意图

该实验在白光背景下，采用20G的毛细管以 s 为单位设置时间间隔，在50cm的高度区间内，使用CCD显微摄像机拍摄记录浓度为6%的PEO水溶液滴落过程，并通过数据传输线将液滴形态变化的图像传输到电脑上。CCD相机获取的液滴滴落过程和液滴颈缩过程图像如图6.4和图6.5所示：观察到纺丝溶液由喷嘴出口形

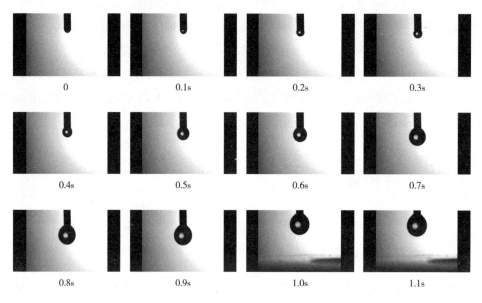

图6.4 CCD相机获取的液滴滴落过程图像

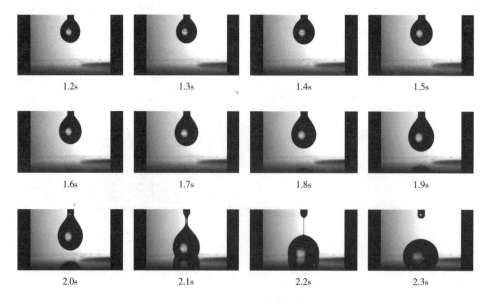

图6.5 CCD相机获取的液滴颈缩过程图像

成椭球形轴对称液滴，发生颈缩后进一步断裂形成球状液滴，并在空气中自由下落到金属板。这与仿真结果是一致的，具有相同的液滴膨胀—颈缩—初始射流过程。

仅在重力加速作用时，高浓度 PEO 液滴挤出非常缓慢，在黏滞力以及表面张力的作用下，球形液滴在喷嘴出口处不断膨胀，由于液滴所受重力小于液滴表面张力的作用，最终在较大的直径液滴时，出口溶液的重力克服其表面张力，突破临界平衡状态并在很短的时间内迅速产生颈缩现象，使得悬垂液滴从喷嘴口处脱落。过大的球形液滴导致颈缩出现"掐断"现象，形成单独的球状液滴。这一现象与仿真章节的低转速情况仿真预测是一致的。

在实际的离心纺丝过程中较高的转速提供的离心力比重力大得多，因此可以更快达到表面张力与离心力的临界受力平衡状态，颈缩将发生在球形液滴直径较小的状态下，因此可以避免"掐断"现象，后续的挤出溶液可以拉伸产生连续的射流。

6.2.2　离心纺丝高速射流拉伸运动摄像实验

为了进一步了解微三角区初始射流在不同转速情况下的实际拉伸运动情况。本专著采用了高速摄像仪对离心纺丝过程进行拍摄，射流高速摄像实验示意图如图 6.6 所示。

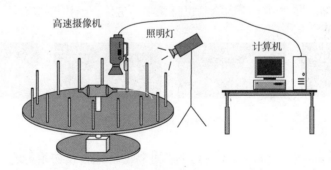

图 6.6　射流高速摄像实验示意图

本实验采用喷嘴型非连续离心纺丝装置，其结构由电动机、收集板、喷嘴、罐体，以及收集柱组成，高速摄像实验选择浓度为 6% 的 PEO 水溶液，27G 规格喷嘴，探究在不同转速下对射流拉伸运动的影响。结果如图 6.7 所示。

由图 6.7 可知，在较低转速时，喷嘴微三角区溶液在液滴膨胀阶段需要形成更大直径液滴形态，以达到表面张力与离心力的临界平衡状态。与重力作用时相似，喷嘴出口处液滴的过度膨胀现象将造成微三角区以极快的速度发生颈缩拉伸运动，初始射流末端拖拽较大的椭球状液滴，由图6.8可以看出在较低的转速下，由于射流前端液滴过大会造成初始射流存在不稳定的"鞭动"现象，影响初始射流连续稳定的拉伸运动。

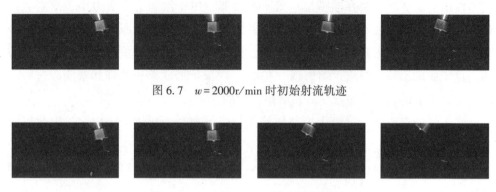

图6.7　w = 2000r/min时初始射流轨迹

图6.8　w = 3000r/min时初始射流轨迹

随着转速从3000r/min增大到4000r/min（图6.9），微三角区在射流前端的膨胀液滴显著减小，初始射流拉伸运动稳定性提高，初始射流直径明显增大。这与理论推导的结果是吻合的，在较大转速条件下，微三角区液滴将更快地使离心力与表面张力达到临界平衡状态，则初始射流的迅速拉伸与微三角区的颈缩发生，射流在充分拉伸的同时其末端的液滴也将变小，这使得射流整体质量更加均匀。

图6.9　w = 4000r/min时初始射流轨迹

如图6.10所示在4500r/min转速下，过高的转速导致初始射流拉伸过快，罐体内部的纺丝溶液将无法及时补充到微三角区，造成微三角区形成的初始射流直径过小，并发生断裂现象，无法形成连续的长丝纤维。

图6.10　w = 4500r/min时初始射流轨迹

从图 6.11 可以观察到：射流拉伸过程中出现了断裂现象，断裂纤维在喷嘴口附近粘连形成片状薄膜，或在周围旋转气流中分离形成串珠状纺丝液滴落在收集板。

图 6.11　$w=4500\text{r/min}$ 时初始射流轨迹

6.2.3　纳米纤维形貌表征电镜实验

在液滴滴落实验与射流拉伸高速摄像实验中，本专著成功验证了离心纺丝微三角区形态数值分析与模拟仿真的正确性。离心纺丝过程中，电动机转速、溶液特性、结构参数和其他因素都会影响最终实验结果，为了更加直观地研究离心纺丝工艺参数对纤维质量和形貌的影响，分别在 3%~6% 溶液浓度时，在 26~29G 直径针管与 1500~4500r/min 范围转速条件下进行离心纺丝实验，利用电镜实验分析成品纳米纤维形貌和直径分布。

扫描电镜装置如图 6.12 所示，本实验所用仪器为热场扫描电镜，在使用前将不同条件下收集到的纳米纤维进行喷金等预处理后放入仪器中，通过扫描电镜获得纳米纤维直径分布和形貌的灰度图像。

图 6.12　扫描电镜装置

在离心纺丝过程中，转速对微三角区的形态变化起到关键作用，影响微三角区内部溶液形态变化以及初始射流拉伸运动。转速过小，会造成微三角区颈缩形变过大，不能形成纤维射流或射流拉伸运动不稳定；转速过大，将导致射流纤维拉伸断裂。为探究转速对最终成品纤维的影响，量化转速与纤维质量关系，本实验采用浓度为6%PEO 溶液，27G 喷嘴针管，在 2000r/min、3000r/min、4000r/min、4500r/min 转速下进行了纺丝实验。不同转速下的 PEO 纳米纤维电镜图如图 6.13 和图 6.14 所示。

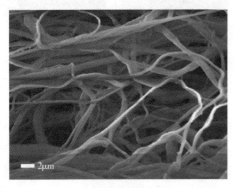

（a）w=2000r/min   （b）w=3000r/min

图 6.13　2000r/min 和 3000r/min 转速下的 PEO 纳米纤维电镜图

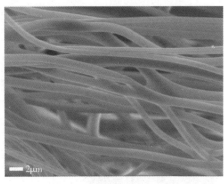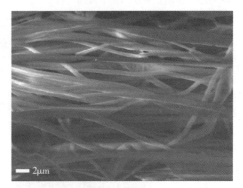

（a）w=4000r/min   （b）w=4500r/min

图 6.14　4000r/min 和 4500r/min 时 PEO 纳米纤维电镜图

从图中可以看到，在 2000r/min 时，纳米纤维直径较大，纤维呈片状形貌，并且多层叠加直径分布不均匀，纤维呈卷曲状。随着转速的增加，在 3000r/min 时，可以发现，纳米纤维形貌质量明显提高，然而仍存在纳米纤维直径分布不均匀的问题，这说明浓度 6%PEO 溶液在转速 3000r/min 时，其微三角区的在初始射流阶段稳定性得到了提高，但是仍然不是最适合的转速。

在 4000r/min 下，可以观察到纳米纤维形貌质量最高，纤维表面光滑，整体纤维直径分布，这说明其微三角区的形变稳定，射流可以快速进入稳定拉伸阶段，因此，成品纤维整体直径一致。在 4500r/min 下，过高的转速导致纤维过细，过细的纤维不能够承受较大的拉伸力，进而造成在旋转气流中被不断拉断，最终成品纤维表面粗糙，过快的拉伸导致溶液还未凝固就落在周围的收集柱上，导致蒸发凝固后的纳米纤维为多根叠加状态。

　　喷嘴结构的主要参数是针管直径，通常选用 26G、27G、28G 和 29G 这四种规格针管直径。在实际离心纺丝实验时，发现浓度越低时通常选择越细的针管，纺丝的成功率和纳米纤维质量往往可以提高。这是由于 PEO 溶液随着浓度增加，黏度显著变大，在相同转速下，低浓度溶液由于黏度较低，较细的针管使溶液在微三角区形变过程中呈较小的直径，获得更大表面张力，弥补在射流形变拉伸过程中由于溶液黏度不足造成的射流强度不足。本节采用浓度为 3%PEO 水溶液，在 3000r/min 使用 26G~29G 直径针管进行纺丝实验。26G~29G 喷嘴时纳米纤维电镜图如图 6.15 所示，随着针管直径减小，纤维形貌质量明显提高。使用 29G 针管制备

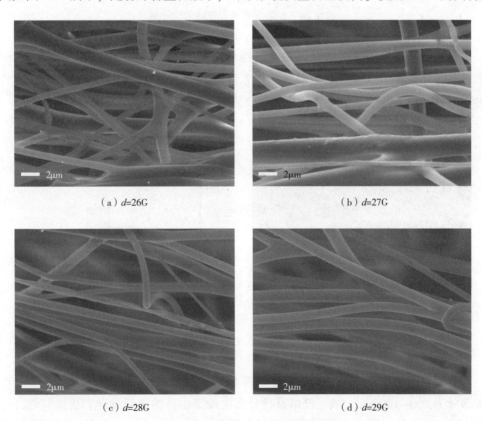

（a）d=26G　　　　　　　　　　　　（b）d=27G

（c）d=28G　　　　　　　　　　　　（d）d=29G

图 6.15　26G~29G 喷嘴时纳米纤维电镜图

出的纳米纤维质量最好。而 26G 和 27G 针管制备的纳米纤维存在明显的断裂现象，并且相比其他两个针管纺制的纤维，其纤维直径过粗，整体直径分布不均匀。

　　为了验证第 4 章弯管优化结果，本节在电动机转速 4000r/min 下，采用浓度为 6%聚氧化乙烯水溶液，通过使用如图 6.16 所示弯管型和直管型两种结构的喷嘴进行离心纺丝实验。分析观察得到的多组纳米纤维直径和形貌，研究喷嘴结构参数对纳米纤维的影响。

图 6.16　弯管喷嘴和直管喷嘴结构图

　　直管型和弯管型喷嘴制备的纳米纤维形态和直径分布如图 6.17 和图 6.18 所示，实验结果表明，直管喷嘴制备的纳米纤维直径大部分为 1000~1200nm，直管喷嘴制备的纳米纤维直径分布比较分散，表面光滑度差。

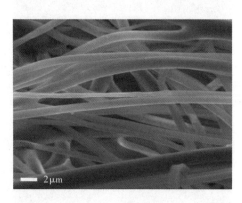
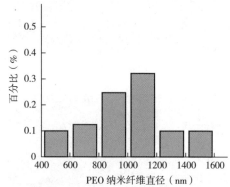

图 6.17　直管喷嘴 PEO 纳米纤维电镜图

　　与直管喷嘴离心纺丝得到的纳米纤维相比，弯管型喷嘴得到的纳米纤维直径大部分为 800~1000nm，纳米纤维直径分布更加集中，纳米纤维形态更加均匀，纤维表面更加光滑。而在实验相同条件下，弯管型喷嘴制备的纳米纤维整体质量有了很大的提高。

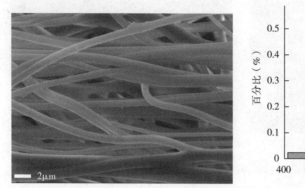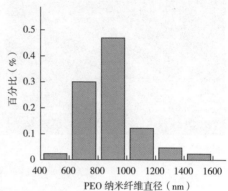

图 6.18　弯管喷嘴 PEO 纳米纤维电镜图

　　根据第 4 章中对不同浓度 PEO 水溶液进行流变实验和表面张力测试，流变结果表明浓度与溶液黏性成正比，浓度越高，溶液黏度显著增加，这提高了射流拉伸强度，同时也增大了溶液在管内流动的黏滞阻力，造成溶液挤出更加困难，不利于微三角区快速形成。

　　本节在转速为 4000r/min 下，选择直径为 27G 针管，使用浓度为 3%、4%、5% 和 6% 四种浓度的 PEO 水溶液进行离心纺丝实验，3%~6%PEO 纳米纤维电镜图如图 6.19 所示，在此制备条件下，较低浓度的溶液由于黏度不足，纳米纤维出现断裂。随着浓度的增加，其表面质量、溶液均匀度都有了明显提高。

（a）3%　　　　　　　　　　　　　　　　（b）4%

图 6.19

（c）5%   （d）6%

图 6.19   3%~6% PEO 纳米纤维电镜图

6.3   未优化直管与优化弯管喷嘴制备的纤维形态对比分析

喷丝头与电动机一起高速旋转。电动机的工作速度主要由电流输出控制，通过调节高频调节器来控制电动机转速。当电动机开始工作时，电动机转速每次增加 300r/min 到初始工作转速，纺丝完毕后，将收集装置收集到的纤维在扫描电子显微镜（SEM）下进行采样和检查。通过扫描电镜观察了纳米纤维的形貌和直径分布。图 6.20 显示了用直管喷嘴制备的纳米纤维扫描 SEM 图像和直径分布。很明显，所制备的纳米纤维的形貌较差。纤维上出现串珠状液滴，使纤维的表面质量急剧下降。可以发现，纤维的直径分布是分散的。纤维直径主要分布在 900~1500nm。

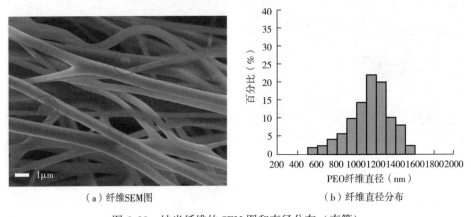

（a）纤维SEM图   （b）纤维直径分布

图 6.20   纳米纤维的 SEM 图和直径分布（直管）

通过优化后的弯喷嘴管制作的纤维扫描 SEM 图和直径分布如图 6.21 所示，其表面更光滑，直径更均匀，使纳米纤维的直径分布在 400~1000 nm 范围内。实验结果表明，优化后的弯管喷嘴中纳米纤维的形貌和表面质量显著提高，可以获得更多直径较小的纤维。

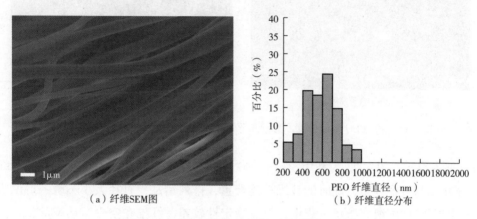

（a）纤维SEM图　　　　　　　（b）纤维直径分布

图 6.21　纳米纤维的 SEM 图和直径分布（弯管）

6.3.1　离心纺丝溶液浓度对纤维的影响

本研究的主要目标是寻求确定浓度的 PEO 溶液生产纳米纤维所对应的最佳喷嘴结构参数，因此在理论建模时只考虑了浓度为 5% 的 PEO 溶液所对应的结构参数，而对于其他浓度的 PEO 溶液未考虑在内，是因为当 PEO 溶液浓度过低时，所制备的纳米纤维质量较差。当溶液浓度小于 3% 时，虽然此时具有一定的拉丝性，但是由于该浓度下溶液间的黏滞力较小，在纺丝过程中离心力较大，黏滞力无法与离心力制衡使得溶液喷射而出后不能形成连续且稳定的射流，因此出现珠状与球状纤维。

当溶液浓度为 3% 和 4% 时，转速 $n < 2000 \text{r/min}$ 时，两种喷嘴均不出丝，但在收集板上可以发现有溶液液滴，可能原因是离心力过小，黏滞力能够拉住较多的溶液，无法使溶液在喷嘴出口处及时喷射形成射流；当 $2000 < n < 3000 \text{r/min}$ 时，离心力逐渐增加，使溶液在出口及时喷射而出形成纤维，因此能够收集到纤维；当 $n > 3000 \text{r/min}$ 时，离心力增加，使得溶液的黏滞力再一次无法保证连续纤维和稳定射流，此时会出现不连续纤维以及较多的珠状物（图 6.22）。因此对于溶液浓度为 3% 和 4% 的 PEO 溶液最佳生产转速在 2000~3000r/min。采用转速 2500r/min 制备

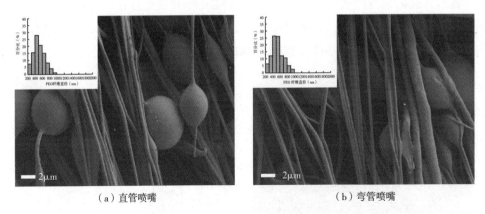

（a）直管喷嘴　　　　　　　　　　　　　　（b）弯管喷嘴

图 6.22　小于 3% PEO 溶液浓度下直管和弯管喷嘴制备的纳米纤维 SEM 图与直径分布

PEO 纳米纤维，图 6.23 为利用 3% 的 PEO 溶液在直管和弯管喷嘴下制备的纳米纤维 SEM 图与直径分布，此时的纤维粘连严重，排列错乱，直径大小不统一。说明该浓度的 PEO 溶液在纺丝过程中，射流稳定性较差，纤维在空中运动凌乱，从而导致所收集的纤维质量较差。利用 4% 的 PEO 溶液在直管和弯管喷嘴下制备的纳米纤维 SEM 图与直径分布如图 6.24 所示，与 3% 的 PEO 溶液制取的纤维相比，此时的纤维质量更好，纤维排列较为整齐，无过多的粘连，但出现了纤维缠结形成的纤维团和球状纤维。但是当纺丝溶液的浓度增加到 5% 时，两种喷嘴制备的纳米纤维形态与直径分布如图 6.25 所示。与前面两个浓度制备的纤维相比，此时的纤维不仅排列更为整齐，直径更加均匀，而且纤维表面质量得到了明显的提升，无球

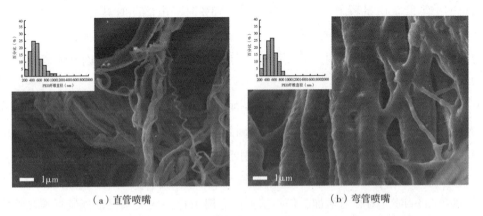

（a）直管喷嘴　　　　　　　　　　　　　　（b）弯管喷嘴

图 6.23　3% PEO 溶液浓度下直管和弯管喷嘴制备的纳米纤维 SEM 图与直径分布

状或团状纤维产生。利用 6% 的 PEO 溶液所制备的纤维 SEM 图与直径分布如图 6.26 所示，此时的纤维直径分布较广，且直径较大的纤维较多。

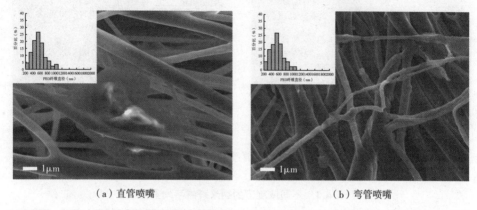

（a）直管喷嘴　　　　　　　　　　　（b）弯管喷嘴

图 6.24　4% PEO 溶液浓度下直管和弯管喷嘴制备的纳米纤维 SEM 图与直径分布

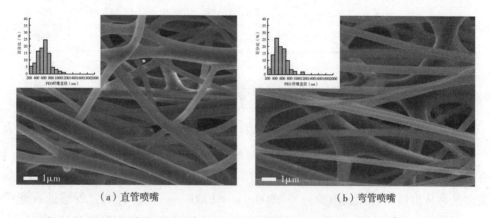

（a）直管喷嘴　　　　　　　　　　　（b）弯管喷嘴

图 6.25　5%PEO 溶液浓度下直管和弯管喷嘴制备的纳米纤维 SEM 图与直径分布

随着 PEO 溶液浓度的增加，溶液的黏度也增加，溶液在喷嘴流道中流动时所受到的黏性力，以及溶液在流道内未喷射出时形成的圆曲面表面张力变大，使溶液喷出形成射流后拉伸不充分，制备的纳米纤维直径变大，随着溶液浓度继续增加时，溶液无法从喷嘴出口喷出，因而无法收集到有效的纤维。

表 6.1 为不同浓度下直管和弯管喷嘴所制备的纳米纤维平均直径，随着浓度的增加，直管喷嘴所制备纳米纤维的平均直径逐渐增加，而弯管喷嘴制备纤维平均直径大致上呈现逐渐增加的趋势，在 5% 的浓度下制备纤维平均直径均小于 3% 和 5%，且弯管制备纤维平均直径变化量小于制备喷嘴。

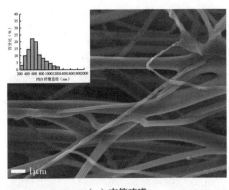
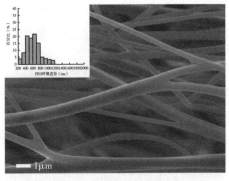

（a）直管喷嘴　　　　　　　　　　　　　（b）弯管喷嘴

图 6.26　6%PEO 溶液浓度下直管和弯管喷嘴制备的纳米纤维 SEM 图与直径分布

表 6.1　不同浓度下的纳米纤维平均直径

不同浓度（%）		<3	3	4	5	6
平均直径（nm）	直管	486.93	512.56	550.63	612.84	633.97
	弯管	510.23	523.64	538.26	536.53	566.84

6.3.2　高速离心纺丝转速对纤维的影响

由式（4.55）可知，影响溶液在管道内所受离心力大小的因素包含转速的大小以及溶液微团离旋转中心轴线的距离，其中转速的影响程度更大。实验发现当电动机转速 $w <1500r/min$ 时，溶液所受离心力 F_{cen} 较小，且无法克服黏滞力 F_v 与表面张力从出口喷射形成射流；当 $1500< w <2000r/min$ 时，此时，纤维的成丝性较差，纺丝量较少；当 $2000< w <3500r/min$ 时，能够收集到质量较好的纤维，而且随着转速的增加，纤维的平均直径减小；当 $3500r/min< w <4000r/min$ 时，溶液由于受到的离心力过大，使黏滞力无法维持纺丝溶液连续性，所制备的纤维具有球形液滴状，且射流在空中运动时，受到拉力大，纤维过度拉伸，从而导致纤维断裂。图 6.27 为转速从 $2000r/min$ 增加到 $3500r/min$ 时，各转速对应的纤维 SEM 图和直径分布图。可以清晰地发现，随着转速的增加，纤维直径分布中心向左偏移，也表示直径更小的纤维占比逐渐增多。

随着转速大于 $3500r/min$ 时，由于离心力的增加使黏滞力无法确保溶液喷射形成稳定的射流，导致纤维断裂，相互纠缠粘连，纤维排列杂乱无章，表面质量下降，如图 6.28 所示。因此制备 PEO 纳米纤维最佳转速区间是 $2000\sim3500r/min$。

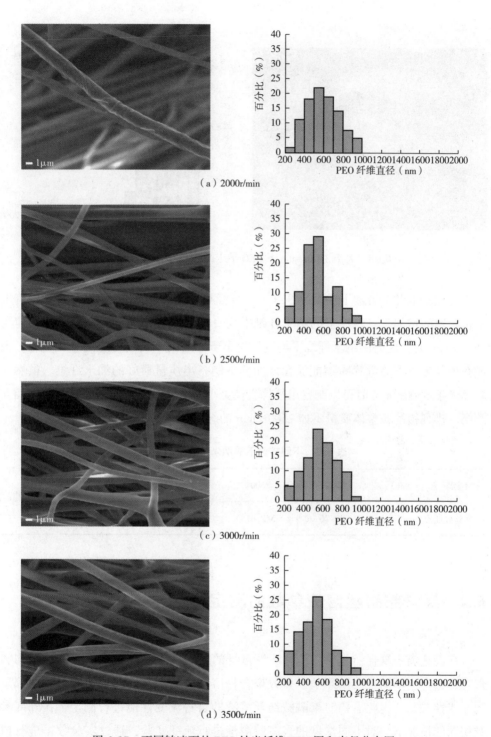

图 6.27　不同转速下的 PEO 纳米纤维 SEM 图和直径分布图

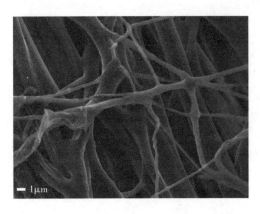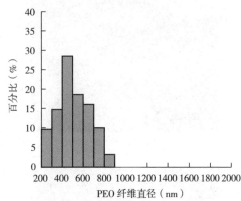

图 6.28　大于 3500r/min 下 PEO 纳米纤维 SEM 图和直径分布图

通过求取各个转速下的纳米纤维平均直径可以清楚地看出（表 6.2），随着电动机转速的增加，各转速下的纳米纤维平均直径呈现减小的趋势，但是在转速为 2500r/min 时，此时的纳米纤维平均直径均小于邻近两个转速对应的平均直径，说明在最佳参数下的弯管喷嘴能够在该速度下制备出质量最好的纳米纤维。虽然在转速大于 3500r/min 时可以制备出平均直径更小的纳米纤维，但是此时的纤维相互缠绕，排列错乱，整体质量不如 2500r/min 的纤维。

表 6.2　不同转速下的纳米纤维平均直径

不同转速（r/min）	2000	2500	3000	3500	>3500
平均直径（nm）	580.26	542.41	562.54	546.38	531.46

6.4　聚酰胺纺丝溶液参数的测定

在高速离心复合纺丝中，纺丝溶液自身的一些性质对复合纳米纤维的结构和形貌都会产生不同程度的影响，多数聚合物溶液的剪切速率与剪切应力关系都呈现非线性关系。因此需要对聚酰胺纺丝溶液的自身流变性能进行测定，在外部参数相同的情况下，对不同浓度的聚酰胺溶液进行流变实验，通过实验数据进行拟合，探究聚酰胺溶液的剪切速率与剪切应力以及黏度的关系，本专著对不同浓度的聚酰胺溶液进行流变性能测定。

6.4.1　聚酰胺纺丝溶液的流变曲线

在高速离心复合纺丝中溶液多数为高分子聚合物溶液，这类聚合物溶液有黏性，但不服从牛顿黏性定律称为非牛顿流体。非牛顿流体的黏度在一定的温度和压力下不是常数，随着流速及流动状态的改变而改变。因此选用 AR2000 高级旋转流变仪如图 6.29 所示，采用平板台对 15% ~ 20%PA6 和 15% ~ 20%PA66 的纺丝溶液进行流动特性测试。

图 6.29　AR2000 高级旋转流变仪

通过对 12 组测试数据进行拟合得到不同浓度的流变曲线，求出不同浓度下 PA6 和 PA66 纺丝溶液流变系数见表 6.3 和表 6.4，随着浓度增大黏稠系数 k 值逐渐增大，流变行为指数 n 值随着浓度增大逐渐减小。图 6.30（a）为 18%PA6 的流变曲线，图 6.30（b）为 18%PA66 的流变曲线，根据实验数据和曲线的拟合表明剪切速率与剪切应力关系呈非线性关系，且 $n<1$，所以 PA6 和 PA66 纺丝溶液均为非牛顿流体中的假塑性流体。

表 6.3　PA6 纺丝溶液流变系数

PA6	15%	16%	17%	18%	19%	20%
k	0.941	1.313	1.925	2.574	3.687	4.007
n	0.963	0.962	0.943	0.947	0.933	0.94

表 6.4　PA66 纺丝溶液流变系数

PA66	15%	16%	17%	18%	19%	20%
k	1.021	1.245	1.867	2.441	4.512	7.35
n	0.981	0.974	0.941	0.915	0.84	0.776

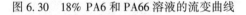

图 6.30　18% PA6 和 PA66 溶液的流变曲线

（a）18%PA6　　（b）18%PA66

6.4.2　聚酰胺纺丝溶液黏度的变化规律

　　假塑性流体一般具有以下两个特征：一旦受力就会产生流动，随着剪切速率的上升黏度下降。图 6.31（a）为经过实验数据拟合后 15%~20%PA6 剪切速率与黏度的关系，图 6.31（b）为 15%~20%PA66 剪切速率与黏度的关系，因此满足假塑性流体特征，验证了第 3 章中所选的流体模型。

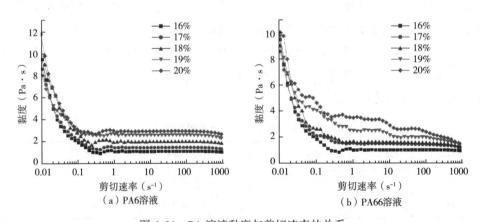

（a）PA6溶液　　（b）PA66溶液

图 6.31　PA 溶液黏度与剪切速率的关系

　　由 PA 纺丝溶液剪切速率与黏度关系图可知黏度随着剪切速率的增大逐渐减小，由此可知在纺丝溶液初始射流阶段由于电动机转速小，剪切速率较低，纺丝液黏度较大，因此在喷嘴内流动缓慢会发生壁面滑移，为了促进纺丝溶液在喷嘴内的流动，在复合纺丝前期需要较高的电动机转速来驱动 PA6 和 PA66 纺丝溶液在喷嘴内快速流动。在相同剪切速率下纺丝溶液黏度与溶液浓度成正比，随着转速的提升剪切速率逐渐增大，纺丝溶液黏度趋于稳定，但由于在相同剪切速率和相同的浓度下 PA6 与 PA66 黏度不同，在复合纺丝稳定射流阶段时喷嘴内两种聚合物的接触面处会发生滑移。

6.5　离心复合纺丝参数对纤维形貌的影响

　　高速离心纺丝中采用单一纺丝溶液时，纺丝溶液浓度、电动机旋转速度、喷嘴直径及长度，这些参数对纳米纤维的形貌会产生不同程度的影响。因此在采用多种纺丝溶液进行离心复合纺丝时，这些影响因素也应该被考虑，此外还应考虑不同纺丝溶液对纤维形貌的影响。通过实验将收集到的纤维进行扫描电镜实验，分析各因素对纳米纤维形貌的影响。

6.5.1　纺丝溶液材料对复合纤维的影响

　　本实验采用了 PEO、PA6、PA66 三种不同材料进行离心复合纺丝实验。首先采用喷嘴直径为 0.15mm，长度为 0.5cm 的喷嘴，纺丝液为 4% 和 7% 的 PEO 溶液进行实验，在电动机转速为 3000r/min 时达到稳定射流，对收集到的复合纳米纤维进行扫描电镜实验如图 6.32（a）所示，纤维表面较为粗糙。采用相同的喷嘴，纺丝溶液为 18%PA6 和 18%PA66 进行实验，收集 3000r/min 时产生的纳米复合纤维进行扫描电镜实验如图 6.32（b）所示，由图可知 PA 复合纳米纤维的表面更加光滑。

　　但如果采用 PEO 与 PA 两种材料进行实验时，由于 PEO 是一种水溶性极强的聚合物，而 PA 是一种酸溶性的聚合物，与水又可以发生反应，在短时间内形成白色固体。因此，当两种溶液进入喷嘴后发生反应从而堵塞喷嘴，无法产生复合纳米纤维。因此，选择 PA 作为离心复合纺丝材料。

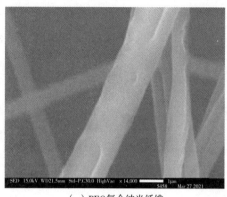
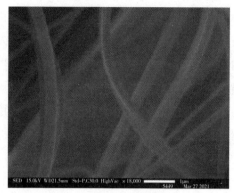

（a）PEO复合纳米纤维　　　　　　　　　　（b）PA复合纳米纤维

图 6.32　不同纺丝溶液制备复合纳米纤维的形貌

6.5.2　纺丝溶液浓度对复合纤维的影响

通过流变实验可知，不同浓度的纺丝溶液黏度也有所不同，纺丝溶液的黏度在离心复合纺丝中是一个重要的影响参数。在喷嘴内聚合物溶液各流层之间存在相对运动，在各流层的接触面上产生一个相互作用的剪切力称为黏滞力。聚合物溶液黏度越大，对应的黏滞力也越大，当离心力无法克服黏滞力时，在喷嘴处无法产生射流，但如果浓度减小，会使聚合物溶液无法形成连续射流，以液滴的形式离开喷嘴或在纳米纤维上形成珠状液滴影响纳米纤维的形貌。

在电动机转速为 2500r/min 时，选用直径为 1.5mm，长度为 0.5cm 的喷嘴进行实验，将收集到的复合纳米纤维进行扫描电镜实验如图 6.33（a）所示，采用 15%PA6 和 15%PA66 制备的复合纳米纤维存在众多的球状液滴，这是由于聚合物溶液黏度低，无法保证纤维在空气中拉伸与溶剂蒸发时的稳定性，使纤维破裂或直接以液滴的形式离开喷嘴，进而无法形成连续的复合纳米纤维。当纺丝溶液浓度增大到 18% 时，收集到的复合纳米纤维如图 6.33（b）所示，虽然也存在一些球状液滴，但相比于采用浓度为 15%PA 制备的复合纳米纤维液滴有所减少，而且可以在图中看出由于纤维破裂液珠的形成过程。

因此在其他参数不变的条件下，采用高浓度的纺丝溶液进行复合纳米纤维制备实验更有利于纤维表面的形貌。但溶液浓度也存在一个区间范围，当溶液浓度超过 20% 时，聚合物溶液黏滞力太大无法在喷头处产生射流。通过调整电动机旋转速度可以使少量溶液喷出，但由于电动机转速太高，喷头周围的气流速度过大，

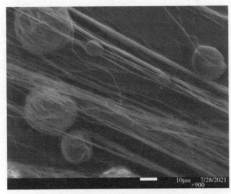

（a）15% PA复合纳米纤维　　　　　　　　　（b）18% PA复合纳米纤维

图 6.33　不同浓度的纺丝溶液制备 PA 复合纳米纤维

产生的纤维多数断裂，形成絮状纤维无法进行收集。

　　为了探究浓度对复合纳米纤维直径的影响，在保持其他纺丝参数不变的情况下，制备了不同浓度的 PA 复合纳米纤维，通过扫描电镜实验和 ImageJ 测量直径后的直径分布，图 6.34（a）为 18%PA6 与 PA66 制备的复合纳米纤维 SEM 图和纤维直径分布状况，图 6.34（b）为 20%PA6 与 PA66 制备的复合纳米纤维 SEM 图和纤维直径分布状况。从图中纤维直径测量分布可以得出随着纺丝溶液浓度增加，纤维直径分布更加分散，纤维表面质量下降，因此制备 PA 复合纳米纤维存在一个最佳的浓度。当以浓度为 18% 的 PA 纺丝液制备复合纳米纤维时，从图中可以看出复合纤维表面质量高于 20% 的 PA 纺丝溶液制备的复合纳米纤维，且纤维分布也更加集中。

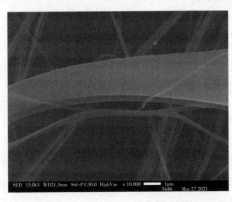
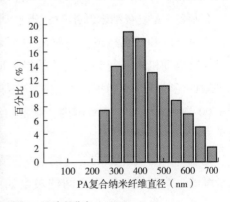

（a）18% PA复合纳米纤维SEM和直径分布

图 6.34　不同浓度下 PA 复合纳米纤维 SEM 图和直径分布

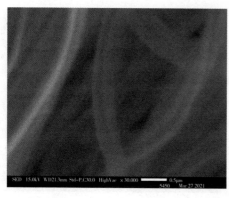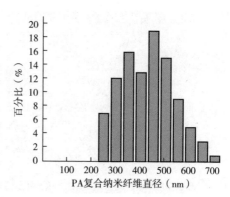

（b）20% PA复合纳米纤维SEM图和直径分布

图6.34　不同浓度下 PA 复合纳米纤维 SEM 图和直径分布

在离心复合纺丝过程中，当剪切速率相同时，聚合物纺丝溶液浓度增大。根据壁面滑移理论模型得出，随着黏附层的黏度增大，滑移外推长度减小，壁面滑移速度减小。从图6.34 中纤维的平均直径也可看出，随着纺丝溶液浓度的增加，壁面滑移速度减小，导致复合纳米纤维的平均直径增大且分布不均匀。

6.5.3　旋转速度对复合纤维的影响

电动机高速旋转产生的离心力是驱动纺丝溶液产生射流的主要驱动力，通过离心复合纺丝实验得到溶液射流的电动机转速区间为 1500~4000r/min，若转速过低会使黏滞力大于离心力，导致纺丝溶液聚集在喷嘴内部，若转速过高则会导致纺丝溶液在拉伸期间断裂，无法形成连续的复合纳米纤维。

在制备 PA 复合纳米纤维时，当电动机旋转速度超过 4000r/min，会导致纤维表面质量下降和纤维断裂，如图6.35 所示。为了探究转速对复合纳米纤维的影响，通过控制电动机转速得到的实验结果表明，在合理的转速范围内，复合纳米纤维的平均直径随着转速的提高纤维平均直径逐渐减小，表面质量越高，但这仅适用于 1500~3000r/min 这个范围内，制备的纤维如图6.36 所示。若持续增大转速，则会出现图6.35 中的问题。

通过 ImageJ 对拍摄的复合纳米纤维直径进行测量，取其平均值得出 PA 复合纳米纤维的平均直径与转速之间的关系如图6.37 所示。在转速小于 1000r/min 时，由于纺丝溶液自身黏滞力大于离心力无法产生纤维射流，随着转速增大复合纳米纤维平均直径迅速减小，转速为 1500~3000r/min 时，纤维平均直径减小的趋势逐

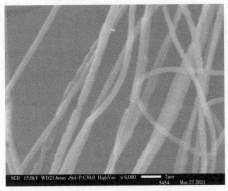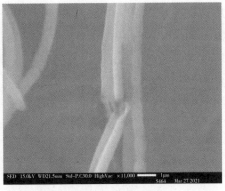

(a) PA复合纳米纤维表面粗糙　　　　　　　　(b) PA复合纳米纤维断裂

图 6.35　高转速下 PA 复合纳米纤维的形貌

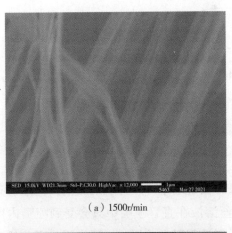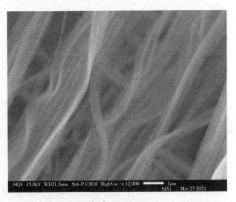

（a）1500r/min　　　　　　　　　　　　（b）2000r/min

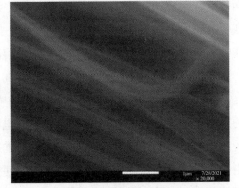

（c）2500r/min　　　　　　　　　　　　（d）3000r/min

图 6.36　不同转速下的 PA 复合纳米纤维

渐减缓，在这个阶段存在浓度、喷嘴直径等其他因素的影响，转速不再占据主导作用。在转速 3000~4000r/min 时，纤维平均直径继续减小，但由于纤维被过度拉伸以及周围高速气流的影响，在使纤维平均直径减小的同时也产生纤维断裂情况。当转速大于 4000r/min 时，已经无法收集到复合纳米纤维。因此，制备 PA 复合纳米纤维最佳转速区间是 1500~3000r/min。

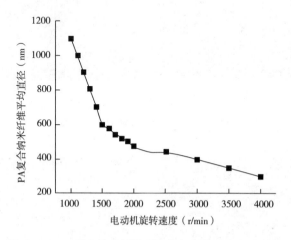

图 6.37　PA 复合纳米纤维平均直径与转速之间的关系

6.5.4　喷嘴形状对复合纤维的影响

前面已经讨论了原料、浓度、转速对 PA 复合纳米纤维形貌的影响，但还没有讨论喷嘴形状对复合纤维形貌的影响。纺丝溶液在直管喷嘴中只会受到喷嘴内壁面的沿程阻力，而在 45°弯管喷嘴中不仅受到沿程阻力的影响，还有因为形状的改变使喷嘴内的纺丝溶液被迫改变流速大小或流动方向，产生撞击和旋涡等现象，在喷嘴弯管处会产生附加阻力增加纺丝溶液的能力损失。

本次实验选择 PA 纺丝液浓度为 18%，电动机转速为 2500r/min、喷嘴直径为 0.15mm，在室温条件下选用不同形状的喷嘴，研究喷嘴形状对 PA 复合纳米纤维的影响，将收集到的复合纳米纤维进行电镜扫描实验如图 6.38 所示，从图中可以看出，通过直管喷嘴制备的复合纳米纤维表面状况优于 45°弯管喷嘴，且弯管喷嘴由于纺丝溶液在弯曲部分的能量损失，使壁面滑移速度减小，在相同转速条件下，弯管喷嘴制备的复合纳米纤维平均直径大于直管喷嘴制备的复合纳米纤维，因此在后续实验中选取直管喷嘴。

（a）直管喷嘴　　　　　　　　　　　　（b）45°弯管喷嘴

图 6.38　不同喷嘴制备的 PA 复合纳米纤维

6.5.5　转速对复合纳米纤维形貌的影响

在高速离心复合纺丝中，微三角区滑移是一种不可避免的现象。液—壁滑移可以改善纤维的挤出胀大问题，有效控制复合纳米纤维的直径；液—液界面滑移可以改变复合纤维的内部占比；转速是影响喷嘴微三角区滑移的主要因素，不同浓度的纺丝溶液黏度随着剪切速率的增大而减小，因此壁面黏附层与过渡层之间的滑移距离随着转速的增加逐渐增大。微三角区液—液界面滑移距离可以通过测量 PA 复合纳米纤维的液—液界面厚度来表示。通过测量数据将其进行拟合，得到微三角区液—液界面滑移距离与电动机转速的关系如图 6.39 所示。

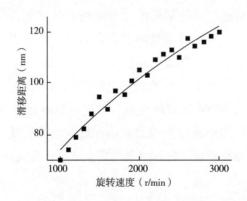

图 6.39　微三角区液—液界面滑移距离与电动机转速的关系

PA 复合纳米纤维的液—液滑移距离随着电动机转速的增大而增加。随着转速的逐渐增加，垂直于纺丝溶液速度的切向速度分量也在增大，使两种纺丝溶液在界面处横向与纵向的滑移速度增加，因此随着电动机转速的增加，液—液滑移距离也逐渐增大。但滑移距离并不会持续性增加，纺丝溶液在离开喷嘴后经拉伸与溶剂蒸发之后形成复合纳米纤维，只受到科氏力与重力的作用，纤维内部不再受到其他作用力的影响。

6.6　本章小结

本章首先进行了液滴滴落实验，与仿真结果对比，实验结果中纺丝溶液在低拉伸力下与仿真转速下的结果相似，均出现了颈缩掐断现象；然后进行了高速射流摄像实验，结果表明，过高的转速导致射流拉断，过低的射流则会造成颈缩液滴过大，以及会形成初始射流不稳定的鞭动现象的出现；以 PEO 溶液作为实验材料，采用直管、弯管喷嘴进行高速离心纺丝实验，通过对比两者制备的纤维在形态、表面质量，以及直径分布上的差异，发现弯管喷嘴制备的纤维形貌更好，球状和团状纤维的现象较少，且能够获得直径分布更小的纤维。发现溶液浓度过低时无法纺制纤维，若浓度逐渐增加，PEO 溶液可纺性增加，纤维质量也随之增加，但浓度超过一定范围之后，纤维质量会下降。转速较小时纤维无法形成，随着转速的增加，纤维的可纺性也增加，纤维质量也得到改善，转速过大时，纤维质量也会下降。通过高速离心纺丝法成功制备聚酰胺复合纳米纤维，在纤维制备过程中探究材料、电动机转速、纺丝溶液浓度和喷嘴形状对复合纳米纤维形态结构的影响。其中，电动机转速和纺丝溶液浓度是影响微三角区滑移和复合纳米纤维形貌的主要因素。浓度一定时，随着电动机转速的增大，滑移距离也逐渐增大；速度过大时，制备的复合纤维会发生断裂；当纺丝速度一定时，随着纺丝液浓度的增加，复合纤维的表面质量先变好后变差，平均直径的分布也呈现出增加的趋势。只有选择合适的聚合物溶液浓度和与之相匹配的电动机转速，才能制备出形貌良好的复合纳米纤维。研究发现，仿真结果与实验结果较为吻合。

第 7 章　研究总结与展望

7.1　研究总结

本研究通过对已有的离心纺丝法制备纳米纤维进行改进，提出离心纺丝制备复合纳米纤维的新设想，介绍了高速离心复合纺丝的研究背景、滑移研究目的与意义，对离心复合纺丝制备复合纳米纤维过程中两种聚合物溶液在多场耦合下微三角区的滑移机理进行分析。本专著在复杂流体力学的基础上结合以往离心纺丝的研究理论、流体数值仿真与离心纺丝相关实验，分析聚合物溶液在喷嘴微三角区的流动状态，探究微三角区聚合物溶液的滑移过程和规律，通过力学分析得到溶液最大速度区域发生偏移是因为二次流的存在，据此提出了优化理论；建立数学模型研究离心复合纺丝中喷嘴微三角区液—壁、液—液、气—液三种界面滑移，分析滑移速度的影响因素；通过对聚合物溶液由喷嘴出口挤出到形成稳定连续射流的完整过程进行理论建模和数值仿真，分析微三角区出口流场分布、微三角区液滴膨胀阶段气液边界变化、微三角区初始射流阶段拉伸与运动轨迹，并对两种聚合物溶液在喷嘴微三角区的流动状态进行仿真模拟，验证滑移的发生；通过离心纺丝实验、电镜实验以及液滴表面张力实验分析不同参数对复合纳米纤维直径与形貌的影响，对比理论结果。这为高速离心复合纺丝中滑移理论与复合纳米纤维的制备提供理论支撑，为制备品质优良的复合纳米纤维做出了一定贡献。

本研究的具体内容如下：

（1）介绍高速离心纺丝相对于传统纳米纤维制备方法的优点以及高速离心纺丝的研究背景与研究意义。从高速离心纺丝的原理引出离心复合纺丝，展开分析多场耦合阶梯喷射微三角区复合纳米纤维滑移机理，提出本专著的研究目标和研究内容，为高速离心复合纺丝滑移运动的研究提供方向。

（2）研究离心复合纺丝原理和装置组成，初步研究分析离心复合纺丝过程中影响复合型纳米纤维制备和收集的因素，以及可能影响复合型纳米纤维形貌和质量的制备参数，例如，电动机转速、喷嘴直径、聚合物溶液浓度、收集距离、制备环境的温度和湿度等。

（3）对聚合物溶液在微三角区的运动状态与规律进行分析。随着电动机转速的增加，聚合物溶液的运动状态经历四个过程，分别为：静止、湍流、层流和射流。介绍聚合物溶液在微三角区滑移的四个运动过程，分别为初始射流阶段、不稳定射流阶段、稳定射流运动阶段和极限射流阶段，分析不同阶段中滑移发生的机理。在喷嘴微三角区建立液—壁滑移、液—液滑移和气—液滑移三种滑移模型。结合聚合物溶液在微三角区流动过程中的质量守恒方程和动量守恒方程，引入两相流体力学探究滑移距离与黏附层溶液黏度的关系，以及滑移速度与转速之间的关系。

（4）根据纺丝溶液在各个区域内的受力分析，建立各个区域截面内的速度大小公式，并最终得到溶液在弯管出口处的速度模型；以及通过对二次流的分析，得到二次流强度。得到了速度与转速以及喷嘴参数（罐体长度、喷嘴长度、直管长度、弯曲角度、弯管曲率半径及出口直径）之间的关系。再对高速离心纺丝中纺丝溶液在喷嘴流道内的连续性方程和运动方程进行分析。分析溶液的流动状态，直管中溶液最大速度区域偏向与旋转速度相反的方向，而在弯管中，由于二次流的存在导致纺丝溶液的最大速度区域发生了偏移，偏向弯道外侧，因此直管前端加上一段弯管可以使得速度最大区域回到中心轴线上，以此提出了可用于高速离心纺丝的喷嘴结构优化理论。为了求取速度模型的最优值，采用灰狼算法对模型进行优化求解，确定优化函数与参数，然后与灰狼算法相结合，求取了转速、直管长度、弯曲半径和弯曲角度四个参数对应的最优值。

（5）建立离心纺丝出口参数优化模型，通过遗传算法的方式对离心纺丝喷嘴结构参数、电动机转速和溶液流变参数进行参数寻优，在保证出口流场速度偏移量最小、速度最大的情况下寻找三类参数的最佳组合方式。

（6）以微三角区滑移理论研究为基础，对微三角区聚合物溶液 PA6 和 PA66 的流变参数进行采集，将数据通过 Origin 进行拟合得到 Fluent 中所需参数，利用 Fluent 仿真软件对两种聚合物溶液在微三角区的运动进行仿真，模拟聚合物溶液在微三角区的压力、速度和湍流动能分布，最终验证滑移的发生。通过改变电动机转速和聚合物溶液参数进行微三角区纺丝溶液运动仿真，将仿真结果与理论分析对比验证。同样，利用 Fluent 仿真软件再对直管内影响溶液速度大小和偏移的因素（如转速、直管长度、出口直径）进行了分析，以及对弯管喷嘴参数中包含最优值的结构参数范围的喷嘴内溶液运动进行模拟仿真，并以纺丝溶液出口速度最大区域集中在出口圆心处为指标求取出口速度达到最大。

（7）进行离心复合纺丝射流实验，在不同的电动机转速、不同的浓度和不同的喷嘴形状下制备聚酰胺复合纳米纤维，利用扫描电镜观察复合纳米纤维形态分布，分析实验结果，探究不同工艺参数对复合纳米纤维形态分布的影响。随后采用浓度为 5% 的聚氧化乙烯溶液为纺丝材料，并用直管喷嘴在转速 2500r/min、出口直径 0.6mm，以及直管长度 15mm 的条件下制备纤维，弯管喷嘴在最佳转速 2500r/min、出口直径 0.6mm、直管长度 15mm、弯曲角度 10°，以及弯管曲率半径 10mm 的条件下进行纳米纤维制备实验，通过对比两者制备的纤维在质量和直径分布上的差异，得出最佳的喷嘴结构。

（8）为了获得相应纺丝工艺参数与验证相关研究理论，本专著进行了 PEO 溶液流变实验、射流高速摄像实验与离心纺丝实验，并利用流变仪测量了 3%~6% 的 PEO 纺丝溶液黏度，采用幂律流体流变模型进行黏度拟合，最终得到相应的稠度系数 k 和流变系数 n，利用高速摄像机对离心纺丝射流进行拍摄，观察研究溶液由喷嘴射出形成初始射流的过程。

通过对聚合物溶液微三角区滑移理论分析、模拟仿真，以及分析高速离心复合纺丝实验结果得出以下几点结论：

（1）通过对聚酰胺溶液进行流变实验发现，随着剪切速率增大黏度减小且趋于稳定，因此在微三角区液—壁滑移中滑移距离随着转速增大也逐渐增加，液—壁滑移距离与黏附层黏度成反比。

（2）喷嘴微三角区内 PA6 和 PA66 在相同的浓度和剪切速率下黏度不同，电动机由静止加速到稳定射流转速时，两种聚合物溶液的接触面存在滑移，滑移距离与电动机转速成正比，滑移速度随着转速的增大逐渐增大。

（3）喷嘴微三角区滑移的主要影响因素有聚合物溶液的浓度和电动机转速。在相同转速下浓度越大滑移距离越小，相同浓度下电动机转速越大滑移距离越大。

（4）随着纺丝液浓度增加滑移距离减小，制备的聚酰胺复合纳米纤维平均直径分布不再集中且纤维直径偏粗，因此滑移也是影响纳米纤维直径的一个重要因素。

（5）纺丝液浓度为 18%，转速为 2500r/min，采用内径为 0.17mm 的直管喷嘴制备的聚酰胺复合纳米纤维形貌最佳。

（6）通过对比两者制备的纤维在质量和直径分布上的差异，弯管喷嘴表现更为突出。随后还探究了溶液浓度以及转速对直管、弯管制备纤维的影响。弯管喷嘴制备的纤维在形态质量和直径分布方面均比直管喷嘴表现更好。

（7）随着电动机转速 w 的增大，PEO 溶液的出口流速呈快速增长趋势，而 PEO 溶液浓度对于出口流速的影响则相反。此外，本专著还对喷嘴直径 d、出口弯曲角度 θ，以及弯管曲率半径 R 这三个喷嘴结构参数进行了不同数值下的流场仿真实验，遗传算法优化与仿真模拟结果均表明：相同的转速和 PEO 溶液浓度条件下，离心纺丝喷嘴弯曲角度 $\theta=10.5°$ 时，溶液出口流速较大，而此时出口流场的偏移量最小。从而有利于提高出口微三角区形成过程的稳定性，减少初始射流的鞭动，使最终获得更加均匀连续的纳米纤维。

（8）在溶液浓度不变的情况下，液滴发生颈缩的程度随着纺丝电动机转速 w 的增大而减少，$w=1200r/min$ 时纺丝溶液在出口微三角区域因溶液表面张力而发生掐断现象，导致球状液滴的产生。$w=3000r/min$ 时，因迅速拉伸导致射流直径增大，直径过大的溶液射流在环绕空气场中的运动过程中，当溶液浓度达到一定程度，将因射流表面张力过大而导致珠帘状纤维形貌。电动机转速与出口角度对射流轨迹的影响则大致相同，随着转速的减小，射流轨迹向外扩展。

7.2　研究展望

本研究详细分析喷嘴微三角区纺丝溶液的运动状态，建立微三角区三种滑移运动模型，分析影响微三角区滑移的因素并通过模拟仿真验证微三角区滑移的存在，最后探究材料、浓度、转速和喷嘴形状对复合纳米纤维形貌的影响，为离心纺丝制备复合纳米纤维提供一定的理论基础。纤维滑移是一个学科，难点多数情况下都是忽略其对纤维成型的影响，本专著也仅通过模型的建立从理论上分析定义了滑移速度与滑移距离之间的关系，但滑移对复合纤维结构和性能的影响还需要进一步完善，尤其在气—液界面滑移中高速气流对复合纤维成型和收集存在很大影响。同时，通过对二次流影响速度偏移这一现象分析，提出了在直管末端加一节弯管的方式，使得溶液在直管中发生的偏移可以通过二次流的影响使得溶液最大速度区域集中在弯管出口圆截面中心处，并以此为高速离心纺丝的喷嘴结构优化提供了理论基础。通过对溶液进行力学分析，建立喷嘴流道内溶液速度数学模型，采用灰狼算法求取最优参数，并将直管和弯管用于纺丝实验，对比两者制备的纤维形貌、表面质量以及直径分布，结果表明弯管表现比直管好。但是考虑到加工的容易性，弯管参数选取为整数，因此忽略了部分范围参数的影响以及实验时未考虑温度、湿度等环境因素对纤维的影响。

以上不足之处仍需进一步完善，因此后续主要完善以下几方面的研究：

（1）本研究中对于纺丝溶液的速度偏移原因进行了分析，但是通过二流强度对速度偏移的表达并不完善，因此，后续研究应该建立纺丝溶液偏移量与主流速度的关系上。

（2）结合实际离心纺丝制备条件，建立离心纺丝工艺参数模型，通过对微三角区出口流场分布的研究，提出一种可行的基于遗传算法参数优化模型。用来优化离心纺丝整体工艺参数。运用遗传算法对出口功率函数进行多变量寻优，获得不同喷丝器结构参数、纺丝溶液参数，以及电动机转速下微三角区出口平均流体最大和流场分布均匀的参数组合。对于离心纺丝这类新型纳米纺丝制备工艺的优化问题，应该引入更多变量参数。

（3）建立了微三角区液滴颈缩形变成型理论，然而，由于实际的纺丝溶液是一种弹黏性流体，这导致微三角区流场建模与仿真模拟有一定复杂与困难，因此，本专著忽略纺丝溶液弹性模量对纺丝溶液挤出过程的影响，以黏性幂律流体模型对微三角区挤出运动过程建模，以便后续方便简化计算，模型中可以导入溶液黏度，离心纺丝结构参数以及电动机转速等，一定程度反映出真实溶液挤出过程，在未来微三角区的研究中将会考虑溶液弹性的影响。

（4）进行模拟仿真时，喷嘴流场模型的网格划分需要更加精细，并通过非结构性网格和结构性网格对比，确保模型的正确性。仿真过程中仅模拟仿真聚合物溶液在微三角区的湍流分布间接证明滑移的存在，后期可以选用更直观的模型对聚合物溶液分子运动进行模拟，分析滑移运动过程。

（5）实验制备纤维时，现有收集装置不能完全收集到全部纤维，部分纤维会因为缠绕而落在收集盘上，从而造成了浪费，因此对收集装置进行改进是有必要的。

（6）为了更加直观地观测到滑移对纤维内部结构的影响，可以在其中一种纺丝溶液中加入纳米级别的荧光染料，通过 Color SEM 观测荧光染料在复合纤维内部的分布，直观地观测液—液界面滑移距离。

（7）该复合纤维制备过程均在室温条件下进行，而聚酰胺溶液遇水会发生凝固现象，因此空气中的水分对复合纤维质量也存在影响。实验室的温度和湿度均对纤维的成丝性有所影响，后续需对实验环境进行控制，并研究两者对纤维的具体影响。

参考文献

［1］廖云珍, 雷开锋, 唐颖强, 等 . 熔融纺丝制备防蚊聚酯纤维 ［J］. 广州化工, 2019, 47 （14）: 57-59, 84.

［2］徐红, 张宝华, 樊爱娟 . 超细海岛型纤维的制备与应用 ［J］. 上海纺织科技, 2003, 31 （4）: 8-9.

［3］彭浩, 张敬男, 李秀红, 等 . 离心静电纺丝的模式 ［J］. 工程塑料应用, 2015, 43 （9）: 138-142.

［4］徐淮中, 陈欢欢, 李祥龙, 等 . 离心纺: 一种高效制备微/纳米纤维的纺丝方法 （一） ［J］. 产业用纺织品, 2016, 34 （1）: 25-33, 38.

［5］LENG G Q, ZHANG X G, SHI T T, et al. Preparation and properties of polystyrene/silica fibres flexible thermal insulation materials by centrifugal spinning ［J］. Polymer, 2019, 185: 121964.

［6］张铭, 吴丽莉, 陈廷 . 离心纺丝技术的新发展 ［J］. 产业用纺织品, 2021, 39 （4）: 1-5.

［7］吴昌政, 丁玉梅, 李好义, 等 . 离心纺丝技术研究进展 ［J］. 上海纺织科技, 2015, 43 （6）: 1-4.

［8］吴昌政, 丁玉梅, 李好义, 等 . 熔体微分离心纺丝技术 ［J］. 纺织学报, 2016, 37 （1）: 16-22.

［9］SUN J, ZHANG Z M, LU B B, et al. Research on parametric model for polycaprolactone nanofiber produced by centrifugal spinning ［J］. Journal of the Brazilian Society of Mechanical Sciences and Engineering, 2018, 40 （4）: 186.

［10］范燕生, 夏磊 . 离心纺丝的发展现状及前景 ［J］. 科技视界, 2017 （6）: 183.

［11］LIM C T. Nanofiber technology: Current status and emerging developments ［J］. Progress in Polymer Science, 2017, 70: 1-17.

［12］芦长椿 . 亚微米-纳米纤维的技术进展及应用现状 ［J］. 纺织导报, 2019 （12）: 48-52.

［13］王玉姣，田明伟，曲丽君．静电纺丝纳米纤维的应用与发展［J］．成都纺织高等专科学校学报，2016，33（4）：1-16．

［14］KANG D H, KANG H W. Advanced electrospinning using circle electrodes for free-standing PVDF nanofiber film fabrication［J］. Applied Surface Science, 2018, 455: 251-257.

［15］刘之景，王克逸，朱俊，等．自组装法制备聚合物纳米复合膜的新进展［J］．膜科学与技术，2003，23（1）：50-52．

［16］LENG G Q, ZHANG X G, SHI T T, et al. Preparation and properties of polystyrene/silica fibres flexible thermal insulation materials by centrifugal spinning［J］. Polymer, 2019, 185: 121964.

［17］李墨文，马颖，任品桥，等．苊二酰亚胺纳米纤维的制备及电信息存储研究［J］．功能材料，2019，50（10）：10191-10194，10201．

［18］查刘生，王秀琴，邹先波，等．智能纳米水凝胶的制备及其刺激响应性能和应用研究进展［J］．石油化工，2012，41（2）：131-142．

［19］ZHANG X W, LU Y. Centrifugal spinning: An alternative approach to fabricate nanofibers at high speed and low cost［J］. Polymer Reviews, 2014, 54（4）: 677-701.

［20］GREINER A, WENDORFF J H. Electrospinning: A fascinating method for the preparation of ultrathin fibers［J］. Angewandte Chemie（International Ed in English）, 2007, 46（30）: 5670-5703.

［21］TEO W E, INAI R, RAMAKRISHNA S. Technological advances in electrospinning of nanofibers［J］. Science and Technology of Advanced Materials, 2011, 12（1）: 013002.

［22］HOOPER J P. Centrifugal spinneret: US, 1500931［P］. 1924-07-08.

［23］LENK E. Spinning centrifuge: US, 5075063［P］. 1991-12-24.

［24］STEEL M L, NORTON-BERRY P. Centrifugal spinning: US, 5460498［P］. 1995-10-24.

［25］WEITZ R T, HARNAU L, RAUSCHENBACH S, et al. Polymer nanofibers via nozzle-free centrifugal spinning［J］. Nano Letters, 2008, 8（4）: 1187-1191.

［26］张智明，徐巧，梅顺齐，等．高速离心纺制备纳米纤维研究进展［J］．高分子通报，2013（5）：29-33．

［27］UPSON S J, O'HAIRE T, RUSSELL S J, et al. Centrifugally spun PHBV micro and nanofibres [J]. Materials Science and Engineering: C, 2017, 76: 190-195.

[28] AKIA M, RODRIGUEZ C, MATERON L, et al. Antibacterial activity of polymeric nanofiber membranes impregnated with Texas sour orange juice [J]. European Polymer Journal, 2019, 115: 1-5.

[29] LUKÁŠOVÁ V, BUZGO M, VOCETKOVÁ K, et al. Needleless electrospun and centrifugal spun poly-ε-caprolactone scaffolds as a carrier for platelets in tissue engineering applications: A comparative study with hMSCs [J]. Materials Science and Engineering: C, 2019, 97: 567-575.

[30] JIA H, DIRICAN M, ZHU J D, et al. High-performance SnSb@rGO@CMF composites as anode material for sodium-ion batteries through high-speed centrifugal spinning [J]. Journal of Alloys and Compounds, 2018, 752: 296-302.

[31] LUO W, MEI S Q, LIU T, et al. Preparation and tensile conductivity of carbon nanotube/polyurethane nanofiber conductive films based on the centrifugal spinning method [J]. Nanotechnology, 2022, 33 (13): 135708.

[32] ZHANG X G, QIAO J X, ZHAO H, et al. Preparation and performance of novel polyvinylpyrrolidone/polyethylene glycol phase change materials composite fibers by centrifugal spinning [J]. Chemical Physics Letters, 2018, 691: 314-318.

[33] JIA H, DIRICAN M, AKSU C, et al. Carbon-enhanced centrifugally-spun SnSb/carbon microfiber composite as advanced anode material for sodium-ion battery [J]. Journal of Colloid and Interface Science, 2019, 536: 655-663.

[34] AKIA M, MKHOYAN K A, LOZANO K. Synthesis of multiwall α-Fe₂O₃ hollow fibers via a centrifugal spinning technique [J]. Materials Science and Engineering: C, 2019, 102: 552-557.

[35] NING X Y, LI Z J. Centrifugally spun SnSb nanoparticle/porous carbon fiber composite as high-performance lithium-ion battery anode [J]. Materials Letters, 2021, 287: 129298.

[36] LOZANO K, SARKAR K. Superfine fiber creating spinneret and uses thereof: US, 8231378 [P]. 2012-07-31.

[37] NATARAJAN T S, BHARGAVA P. Influence of spinning parameters on synthesis of alumina fibres by centrifugal spinning [J]. Ceramics International, 2018, 44 (10): 11644-11649.

[38] LU Y, LI Y, ZHANG S, et al. Parameter study and characterization for polyacrylo-

nitrile nanofibers fabricated via centrifugal spinning process［J］. European Polymer Journal, 2013, 49（12）: 3834-3845.

［39］郝明磊, 郭建生. 国内外静电纺丝技术的研究进展［J］. 纺织导报, 2013
（1）: 58-60.

［40］蒋敏, 王敏, 魏仕勇, 等. 基于静电纺丝技术的取向纳米纤维［J］. 化学进展, 2016, 28（5）: 711-726.

［41］王伯初, 王亚洲. 阵列多喷头静电纺丝设备: 中国, 101586288A［P］. 2009-11-25.

［42］杨卫民. 高分子材料先进制造的微积分思想［J］. 中国塑料, 2010, 24（7）: 1-6.

［43］祝博文, 谢胜. 一种具有辅助吹喷功能的熔喷纺丝喷头结构: 中国, 212426255U［P］. 2021-01-29.

［44］韩万里, 谢胜, 王新厚, 等. 一种异形熔喷纺丝喷头结构: 中国, 110904519A［P］. 2020-03-24.

［45］张智明, 徐巧, 姬巧玲, 等. 一种纺出皮芯结构纤维的离心纺丝喷头: 中国, 110331453B［P］. 2020-12-15.

［46］张智明, 李文慧, 刘康, 等. 一种反向双射式皮芯结构离心纺丝单元: 中国, 113502554B［P］. 2022-04-19.

［47］LAI Z L, WANG J W, LIU K, et al. Research on rotary nozzle structure and flow field of the spinneret for centrifugal spinning［J］. Journal of Applied Polymer Science, 2021, 138（33）: 50832.

［48］LI W H, LIU K, GUO Q H, et al. Genetic algorithm-based optimization of curved-tube nozzle parameters for rotating spinning［J］. Frontiers in Bioengineering and Biotechnology, 2021, 9: 781614.

［49］LIU K, LI W H, YE P Y, et al. The bent-tube nozzle optimization of force-spinning with the gray wolf algorithm［J］. Frontiers in Bioengineering and Biotechnology, 2021, 9: 807287.

［50］YANG C G, TU X Y, CHEN J. Algorithm of marriage in honeybees optimization based on the wolf pack search［C］//The 2007 International Conference on Intelligent Pervasive Computing（IPC 2007）. Jeju, Korea（South）. IEEE, 2007: 462-467.

［51］OFTADEH R, MAHJOOB M J, SHARIATPANAHI M. A novel meta-heuristic op-

timization algorithm inspired by group hunting of animals: Hunting search [J].
Computers & Mathematics with Applications, 2010, 60 (7): 2087-2098.

[52] MIRJALILI S, MIRJALILI S M, LEWIS A. Grey wolf optimizer [J]. Advances in
Engineering Software, 2014, 69: 46-61.

[53] RASHID T A, ABBAS D K, TUREL Y K. A multi hidden recurrent neural network
with a modified grey wolf optimizer [J]. PLoS One, 2019, 14 (3): e0213237.

[54] CHAMAN-MOTLAGH A. Superdefect photonic crystal filter optimization using grey
wolf optimizer [J]. IEEE Photonics Technology Letters, 2015, 27 (22):
2355-2358.

[55] MAHDAD B, SRAIRI K. Blackout risk prevention in a smart grid based flexible op-
timal strategy using Grey Wolf-pattern search algorithms [J]. Energy Conversion
and Management, 2015, 98: 411-429.

[56] KAMBOJ V K, BATH S K, DHILLON J S. Solution of non-convex economic load
dispatch problem using Grey Wolf Optimizer [J]. Neural Computing and Applica-
tions, 2016, 27 (5): 1301-1316.

[57] LU C, XIAO S Q, LI X Y, et al. An effective multi-objective discrete grey wolf
optimizer for a real-world scheduling problem in welding production [J]. Ad-
vances in Engineering Software, 2016, 99: 161-176.

[58] MOHANTY S, SUBUDHI B, RAY P K. A new MPPT design using grey wolf opti-
mization technique for photovoltaic system under partial shading conditions [J].
IEEE Transactions on Sustainable Energy, 2016, 7 (1): 181-188.

[59] ZHANG S, ZHOU Y Q, LI Z M, et al. Grey wolf optimizer for unmanned combat
aerial vehicle path planning [J]. Advances in Engineering Software, 2016, 99:
121-136.

[60] MOHAMMED H M, UMAR S U, RASHID T A. A systematic and meta-analysis
survey of whale optimization algorithm [J]. Computational Intelligence and Neuro-
science, 2019, 2019: 8718571.

[61] MOHAMMED H, RASHID T. A novel hybrid GWO with WOA for global numerical
optimization and solving pressure vessel design [J]. Neural Computing and Appli-
cations, 2020, 32 (18): 14701-14718.

[62] SAREMI S, MIRJALILI S Z, MIRJALILI S M. Evolutionary population dynamics
and grey wolf optimizer [J]. Neural Computing and Applications, 2015, 26 (5):

1257-1263.

［63］KAMBOJ V K. A novel hybrid PSO‒GWO approach for unit commitment problem ［J］. Neural Computing and Applications, 2016, 27 （6）: 1643-1655.

［64］KORAYEM L, KHORSID M, KASSEM S S. Using grey wolf algorithm to solve the capacitated vehicle routing problem ［J］. IOP Conference Series: Materials Science and Engineering, 2015, 83: 012014.

［65］MOHAMMED H M, ABDUL Z K, RASHID T A, et al. A new K‒means grey wolf algorithm for engineering problems ［J］. World Journal of Engineering, 2021, 18 （4）: 630-638.

［66］ZHANG X Q, MING Z F. An optimized grey wolf optimizer based on a mutation operator and eliminating‒reconstructing mechanism and its application ［J］. Frontiers of Information Technology & Electronic Engineering, 2017, 18 （11）: 1705-1719.

［67］ZHANG X Q, ZHANG Y Y, MING Z F. Improved dynamic grey wolf optimizer ［J］. Frontiers of Information Technology & Electronic Engineering, 2021, 22 （6）: 877-890.